面向生态系统管理的规划环评技术方法研究与实践

许开鹏　迟妍妍　王夏晖　陆　军　刘军会　等 著

中国环境出版社·北京

图书在版编目（CIP）数据

面向生态系统管理的规划环评技术方法研究与实践/许开鹏
等著. —北京：中国环境出版社，2015.8
ISBN 978-7-5111-2465-4

Ⅰ．①面…　Ⅱ．①许…　Ⅲ．①规划—环境生态评价—研究
Ⅳ．①X82

中国版本图书馆 CIP 数据核字（2015）第 158805 号

出 版 人　王新程
责任编辑　葛　莉　郑中海
责任校对　尹　芳
封面设计　宋　瑞

出版发行　中国环境出版社
　　　　　（100062　北京市东城区广渠门内大街 16 号）
　　　　　网　　　址：http://www.cesp.com.cn
　　　　　电子邮箱：bjgl@cesp.com.cn
　　　　　联系电话：010-67112765（编辑管理部）
　　　　　　　　　　010-67113412（教材图书出版中心）
　　　　　发行热线：010-67125803，010-67113405（传真）
印　　刷　北京盛通印刷股份有限公司
经　　销　各地新华书店
版　　次　2016 年 10 月第 1 版
印　　次　2016 年 10 月第 1 次印刷
开　　本　787×1092　1/16
印　　张　8.75
字　　数　174 千字
定　　价　45.00 元

前　言

　　规划环境影响评价是基于经济效益的传统决策模式向以统筹和协调发展为导向的新型决策模式转变的一个重要环境管理工具，是实施可持续发展战略的重要抓手，已成为当今环境科学及相关学科研究的热点领域之一。我国生态系统脆弱、区域差异悬殊、生态服务功能趋于退化，规划对维护生态系统健康稳定起到至关重要的作用，综合评价规划对生态系统服务功能的各种影响十分重要。然而，在目前的规划环境影响评价研究与实践中，研究规划对水、大气、噪声等环境要素影响的评价方法相对普遍，但对生态系统服务功能等方面的评价研究较为缺乏。本书将基于生态系统服务功能角度，开展规划对生态系统服务功能影响的评价方法研究，构建适用于区域规划环境影响评价的生态系统服务功能识别与评价技术。

　　从生态系统整体性角度健全规划环境影响评价技术。自 20 世纪 90 年代中国学术界最初关注战略环境影响评价，我国规划环评经历了从概念引入、国外理论研究与经验研究、符合国内实际的理论与实践探索，到立法与制度体系的建立及实践等发展历程，进行了大量的理论实践探索。目前，我国规划环境影响评价研究总体上尚属起步和探索阶段，主要的支撑技术和理念来源于项目环境影响评价，适合规划环境影响评价的技术方法严重不足。对于国家、区域等大尺度规划，维护区域生态系统结构稳定和生态服务功能持续发展是确保区域生态系统安全的基础，同时也是实现区域可持续发展的重要前提。然而，在现有规划环境影响评价研究与实践中，对生态系统整体考虑尚有不足，尤其缺乏对生态系统服务功能的评价研究。因此，构建适用于规划环境影响评价的生态系统服务评价技术，成为完善规划环境影响评价技术体系的迫切需要和不可或缺的重要环节。

　　本书根据生态系统服务和生态安全的基本理论和方法，从规划实施的生态成本—

效益的角度，建立规划环评概念性框架和指标体系，分析规划环评指标信息获取和参数表征方式，探索基于生态服务和生态安全的情景模拟技术，探讨不同情景模式下主要生态系统功能最优化保护方案的设计方法，研究构建基于生态系统服务功能的规划环评技术体系。通过典型案例研究，最终完善评估标准和技术方法体系。

全书共 6 章，第 1 章由迟妍妍主持撰写，张箫和张丽苹等人参与写作；第 2 章由许开鹏主持撰写，迟妍妍和王晶晶等人参与写作；第 3 章由王晶晶主持撰写，迟妍妍和鲁海杰等人参与写作；第 4 章和第 5 章由迟妍妍主持撰写，王夏晖、陆军和鲁海杰等参与写作；第 6 章由许开鹏主持撰写，迟妍妍、王晶晶、刘军会、王夏晖、葛荣凤等参与写作。全书由许开鹏、迟妍妍负责统稿，许开鹏负责定稿，王晶晶负责图件制作。

本书供从事生态系统管理、环境影响评价管理和相关研究者参考。由于水平有限和时间仓促，不妥之处在所难免，恳请同行和广大读者批评指正。

作　者

2016 年 5 月

目　录

第1章　生态服务功能评价与规划环评相关研究进展 ·······················1

　1.1　相关概念界定 ··1

　1.2　生态服务功能评价国内外研究进展 ·····························3

　1.3　规划环评中生态服务功能评价国内外研究进展 ···········20

　1.4　相关领域研究的启示 ···28

第2章　面向生态系统管理的规划环评技术框架 ····················30

　2.1　生态系统服务功能类型 ···30

　2.2　生态系统服务功能影响判定依据 ······························31

　2.3　生态系统服务功能的尺度效应 ·································32

　2.4　生态系统管理要点 ···32

　2.5　生态系统服务功能评价框架 ···································33

　2.6　面向生态系统管理的规划环评工作程序 ····················37

第3章　区域生态系统现状评价 ··39

　3.1　识别规划区域中的主要生态系统类型 ·······················39

　3.2　识别主要生态系统服务功能类型 ······························39

　3.3　识别区域生态系统敏感性 ······································42

　3.4　规划环评中生态系统服务功能影响识别 ····················47

第4章　规划环评中生态系统服务功能影响指标体系 ···········50

　4.1　指标体系建立的原则 ···50

　4.2　指标筛选的依据 ···51

4.3 指标框架设计 51

4.4 评价指标的参数信息表征及获取技术 52

第 5 章 规划环评中生态系统服务功能影响评价方法 56

5.1 定性分析 56

5.2 定性影响分析标准设计 57

5.3 定量评价方法 58

5.4 定量影响评价标准设计 61

第 6 章 应用实践——以云贵区域矿产资源开发规划为例 66

6.1 区域自然环境概况 66

6.2 主要生态服务功能和生态问题的识别 69

6.3 区域矿产资源开发情景 114

6.4 生态系统服务功能影响评价指标体系构建 117

6.5 生态系统服务功能影响因子识别 118

6.6 矿产资源开发生态影响评价 120

6.7 区域生态系统管理对策与建议 125

6.8 案例区研究对评价方法的反馈 127

参考文献 129

第1章

生态服务功能评价与规划环评相关研究进展

1.1 相关概念界定

（1）生态系统（Ecosystem）

一定空间中的生物群落（动物、植物、微生物）及其环境要素，借助能量交换和物质循环形成的有组织的功能复合体，包括林地、草地、农田、湿地和荒漠等类型。

（2）生态系统服务功能（Ecosystem Services）

生态系统服务功能是指生态系统与生态过程所形成及所维持的人类赖以生存的自然环境条件和效用（Daily，1997；欧阳志云等，1999），简单地说，就是人类活动从生态系统中获得的利益（Millennium Ecosystem Assessment，2005）。它不仅包括各类生态系统为人类提供食物、医药及其他工农业生产原料，更重要的是生态系统支撑与维持了地球生命支持系统，如调节气候、维持大气化学的平衡与稳定、维持生命物质的生物地球化学循环与水文循环、保护物种与遗传多样性、减缓干旱和洪涝灾害、植物花粉传播与种子扩散、土壤形成、生物防治、净化环境等（Holdern & Ehrlich，1974；Ewel，1997；欧阳志云等，1999）。

（3）直接利用价值（Direct Use）

主要是指生态系统产品所产生的价值，包括食品、医药及其他工农业生产原料，景观娱乐等带来的直接价值。

（4）间接利用价值（Indirect Use）

主要是指无法商品化的生态系统服务功能，如维持生命物质的生物地化循环与水文循环，维持生物物种与遗传多样性，保护土壤肥力，净化环境，维持大气化学的平衡与稳定等支撑与维持地球生命支持系统的功能。

（5）选择价值（Option）

选择价值是人们为了将来能直接利用与间接利用某种生态系统服务功能的支付意愿。例如，人们为将来能利用生态系统的涵养水源、净化大气以及游憩娱乐等功能的支付意愿。人们常把选择价值喻为保险公司，即人们为确保自己将来能利用某种资源或效益而愿意支付的一笔保险金。选择价值又可分为三类：自己将来利用；子孙后代将来利用，又称为遗产价值；其他人将来利用，也称为替代消费。

（6）存在价值（Existention）

存在价值亦称内在价值，是人们为确保生态系统服务功能能继续存在的支付意愿。存在价值是生态系统本身具有的价值，是一种与人类利用无关的经济价值。换句话说，即使人类不存在，存在价值仍然有，如生态系统中的物种多样性与涵养水源能力等。存在价值是介于经济价值与生态价值之间的一种过渡性价值，它可为经济学家和生态学家提供共同的价值观。

（7）能值（Energy）

流动或储存的能量包含另一种类别能量的数量，称为该能量的能值，即产品或劳务形成过程直接或间接投入应用的一种有效能量总值，就是其所具有的能值。

（8）水源涵养（Water Retention）

生态系统通过对降水的截留、吸收、贮存，以及蒸散发等水文过程，实现增加可利用水资源、净化水质和调节水量的功能。

（9）防风固沙（Sand-Fixing）

生态系统通过固定表土、改善土壤结构、增加地表粗糙度、阻截等方式，减少土壤的裸露机会，提高起沙风速、降低大风动能，从而提高土壤的抗风蚀能力，削弱风的强度和挟沙能力，减少土壤流失和风沙危害。

（10）土壤保持（Soil Retention）

生态系统通过截留、吸收、下渗等作用以及植物根系的固持作用，减少因土壤侵蚀造成的土地废弃、肥力丧失以及河流、湖泊、水库淤积的后果。

（11）生物多样性保护（Biodiversity Conservation）

生态系统为生物物种提供生存繁衍的场所，从而为生物进化及生物多样性的保存提供有利的条件。

（12）洪水调蓄（Flood Redistribution and Storage）

湿地、湖库、河流生态系统通过对来水的蓄积和下泄，在滞纳洪水、调节洪峰、补给地下水和维持区域水平衡中发挥的重要功能。

1.2　生态服务功能评价国内外研究进展

1.2.1　国外相关研究进展

自 Tansley（1935）提出生态系统的概念后，以生态系统为基础的生态学研究已经形成了科学的体系，并且从注重生态系统结构研究逐渐向关注生态系统功能的研究方向发展。20 世纪 60 年代，"生态系统服务"的概念第一次使用（King，1966；Helliwell，1969）。20 世纪 70 年代初，国际环境问题研究组（Study of Critical Environmental Problems，SCEP）提出了生态系统的服务功能，并列出了自然生态系统的"环境服务功能"，例如害虫控制、昆虫授粉、气候调节和物质循环等。Holdren 和 Ehrlich（1974）将其拓展为"全球环境服务功能"，并在环境服务功能清单上增加了生态系统对土壤肥力和基因库的维持功能。随后 Ehrlich 等（1977）又提出了"全球生态系统公共服务功能"，后来逐渐演化出"自然服务功能"（Westman，1977），最后由 Ehrlich（1981）将其确定为"生态系统服务"。国外对生态系统服务的研究主要集中在以下几个方面：

（1）生态系统服务分类

主要包括功能分类，如调节、承载、栖息、生产和信息服务（Daily，1997，1999；de Groot et al.，2002）；组织分类，如与某些物种相关的服务，或者与生物实体的组织相关的服务（Norberg，1999）；描述分类，如可更新资源物品、不可更新资源物品、生物服务、生物地化服务、信息服务以及社会和文化服务（Moberg et al.，1999）。其中功能分类目前是主要的分类方法，也更加便于生态系统服务评价工作的开展。目前较有影响的分类是由 MA 提出的，将生态系统服务按照功能分为供给、调节、文化和支持服务（Wgmea，2003）。该生态系统服务分类更为直观，但同时该分类体系中不同类别的生态系统服务存在重叠现象。

（2）生态系统服务的形成及其变化机制

生态系统是生态服务与功能形成和维持的物质基础。在生态系统服务形成和维持过程中，生物多样性通过它在管理生态系统属性和过程中所起的作用与生态系统服务产生密切联系（Costanza et al.，1997；Daily，1997；Naeem，2001；Loreau et al.，2001）。Loreau 等（2001）认为某些最少数量的物种在稳定条件下对生态系统功能非常必要，以及较大数量的物种可能对维持变化环境中生态系统过程的稳定性非常必要。对生物多样性的变化与生态系统服务的响应研究主要有两种观点。一种认为两者是正相关关系。在对巴塔哥尼亚大草原自然生态系统的研究表明（Flombaum et al.，2008），地上部分的生物量随着物种多样性的增加而增加，并且植物物种多样性对自然生态系统生产力的影响比对人工生态系统的影响大。另一种观点认为生物多样性与生态系统服务并不总是呈正相关关系。在美国北部的研究表明，只有高温水平（平均 13℃）生物多样性与净初级生产力（NPP）才呈正相关关系，低温水平（平均–2.1℃）生物多样性与 NPP 呈负相关关系，中等温度水平（平均5.3℃）生物多样性与 NPP 没有相关关系。

（3）生态系统服务价值分类

由于生态系统功能和服务的多面性，生态系统服务具有多价值性。近十几年来，Pearce（1995）、McNeely 等（1990）、Turner（1991）等的研究，奠定了生态系统服务价值分类理论研究的基础。目前，多数学者公认的价值分类体系是，生态系统服务的总经济价值包括使用价值和非使用价值两部分，使用价值包括直接使用价值、间接使用价值，非使用价值包括遗产价值和存在价值，还有选择价值既可归为使用价值，也可归为非使用价值（Tietenberg，1992）。

生态系统服务经济价值的评价方法：由于生态过程和经济过程及两者之间联系的复杂性和不确定性使得价值评估的难度较大。随着生态经济学、环境经济学和资源经济学的发展，生态系统服务功能的经济价值货币化评估方法得到不断地完善和发展。主要的经济价值估算方法有费用支出法、市场价值法、机会成本法、旅行费用法、享乐价格法、意愿支付法、影子工程法、替代花费法等。近年来，心理、文化、尺度、空间和时间的异质性等对生态系统服务的影响逐渐被关注，在对生态系统服务价值化时，采用尾随价格法、区域旅行消费法和个人旅行消费法等（Richmond et al.，2007；Kumar et al.，2008）。然而，由于每一种生态系统服务通常可以有几种评估方法，使评估结果较大地依赖于不同方法的选择，加之地区、人文差异影响，从而使得评价结果的可比性较差。

（4）生态系统服务管理应用

几乎所有的科学家都认为生态系统服务价值评价的最终目的是为决策者提供政策制定的依据，促进生态系统服务可持续地发挥（谢高地等，2006）。国外近年来对生态系统服务的研究已取得颇多成果，应用研究正逐步被决策者关注，主要集中在三个方面：生态系统服务地图化，即利用地图评估生态系统服务之间关系和空间的重叠，确定生物多样性保护的优先性等（Egoh et al.，2008；Naidoo et al.，2008）；设计经济、政策和管理系统，即根据生态系统服务特点和发展趋势进行农田景观设计、生境管理、堤礁管理、诊断社会生态系统，并将生态系统价值作为实施生态系统服务付费政策的参考等（Goldman et al.，2007）；评价生态工程及政策，即对各国生态工程及政策进行评估，比较了各国生态环境保护政策与措施的优劣性。

（5）生态系统服务功能价值评价进展

国外生态系统的服务功能价值评价研究可以追溯至 20 世纪 60 年代末日本对森林的经济价值的研究。生态系统服务功能价值评价理论方法方面已有了较系统的研究，如 Pearce 提出了不同生物资源的经济评价方法；Cacha 等提出了自然保护区的经济价值评价方法；Pimentel 等给出了关于生态系统的最佳估算模式和评价人类对维持生物多样性的支付意愿（WTP）；Alexande 基于生态系统进入 GDP 账户的可能性，通过假定一个在全球经济中拥有所有生态系统的独占者，测算其在生态系统市场突然建立后所能获得的最大收益，以此来评价未来有可能包含在 GDP 账户中的生态系统服务经济上的逻辑价值；Klauer 基于物流和能流，给出了一种生态系统和经济系统类比估算自然商品价值的方法；Richard 和 Woodward 等在系统总结多年来湿地生态系统服务功能的价值评价案例及方法的基础上，提出了一个非市场价值评价的工具——复合分析（Meta-Analysis），同时指出了以往多个湿地研究案例中价值估算出现偏差的原因及其影响湿地价值估算的因素；Hannon 试图设计一个与经济体系充分一致的生态账户体系，通过恰当地定义"流"（Flows），把两个系统联结成一个共同的体系。当生态系统的演化能够用经济术语描述时，系统中的生态价格就可以估计并可以得到一个生态经济输出的单一测度；Gram 在分析计算森林产品中被人类利用部分的经济价值时所采用的不同方法的优缺点的基础上，给出了一种综合的方法。

1.2.2　国内相关研究进展

我国从科学的高度对生态系统服务价值的研究开展较晚。但近年来我国在这一领域研究进展较快，不仅对生态系统服务价值评估的理论与方法进行了研究与探索，而且开展了大规模的生态系统服务价值评估实践，已从对国外研究的简单模仿逐渐转向对评估模型参数的修正及对技术方法的适应性集成与发展，研究对象从大尺度的单一生态系统逐渐转向中尺度区域，并开始关注价值的动态变化及人类活动驱动机制，取得了重要进展，越来越多地受到了政府与公众的重视和支持。

在理论和方法等基础研究方面，欧阳志云和王如松（1999）、辛琨和肖笃宁（2000）、谢高地等（2001）多位学者详细介绍了生态系统服务的定义、内涵和价值评估方法，并系统地分析了生态系统服务的研究进展与发展趋势，探讨了生态系统服务与可持续发展研究的关系。张志强等（2003）继续探讨了生态系统服务核算方法，并详细介绍了条件价值法（Contingent Value Method，CVM）的理论基础和应用。赵景柱等（2000）则对生态系统服务的物质量评价和价值量评价这两类方法进行比较。谢高地等（2001）指出全球生态系统服务价值评估的代表是基于全球静态总平衡输入输出模型的评估和基于全球静态部分平衡模型的评估。目前，我国的生态系统服务理论研究还尚待发展，在生态系统服务分类、生态系统结构与服务的响应关系、规划管理应用等方面的研究相对较少。

在对生态系统服务及其价值评估理论进行研究的同时，众多学者对生态系统价值案例评估进行了尝试，表现在对区域（世界、国家、区域、城市等）生态系统服务经济价值的估算，对特定生态系统或者特定物种服务经济价值的估计，为进一步探讨生态系统服务形成和变化的机理提供了重要的基础资料（欧阳志云等，1999；张新时，2000；陈仲新和张新时，2000；徐中民等，2002；赵景柱等，2003；谢高地等，2003；肖玉等，2004），也出现了对生态系统服务形成和累积过程的研究（肖玉等，2005）。

总体而言，我国系统的生态系统服务研究起步较晚，研究经费支持力度小，取得的原创性成果不多。尽管如此，通过较多学者的努力，在生态系统服务领域的多个方面都有所进展，对国家的生态政策产生了重大影响。

1.2.3　国内外评价方法

对于生态系统服务功能，最直接的服务即物质的服务，所以最初的方法是基于物质量的评价，但基于物质的评价因素太多，无法得到统一的评价结果。随着环境经济学与资源经济学的发展，又产生了基于价值量的评估，即对生态系统提供的产品和服务进行货币化评价。基于能值量的评价和基于价值量的评价具有相似的思路，都是将服务与产品换算成统一的单位进行评价比较。基于博弈论的评价则是建立在社会学和政治学基础上的，是以人为中心的对各方利益平衡选择的评价。

1.2.3.1　基于物质量的生态系统服务功能评价

从物质量的角度对生态系统进行评价时，如果该生态系统提供服务的物质量不随时间的推移而减少，那么通常认为该生态系统处于比较理想的状态（赵景柱等，2000）。一般关注的生态系统服务功能所提供的物质量包括水、风沙、土壤和生物，其相应的功能为水源涵养、防风固沙、土壤保持和促进生物多样性。

（1）水源涵养功能

水源涵养功能采用水源涵养量进行表征，水源涵养量的衡量依据不同的生态系统类型进行构建，见表 1-1。

根据不同生态系统涵水容量的评估结果，综合评估研究区水源涵养总量，即森林生态系统、草地生态系统、农田生态系统和湿地生态系统涵水量之和：

$$W_t = W_f + W_g + W_w + W_a \tag{1-1}$$

式中：W_t——研究区生态系统总水源涵养量，m^3；

W_f——森林生态系统水源涵养量，m^3；

W_g——草地生态系统水源涵养量，m^3；

W_w——湿地生态系统水源涵养量，m^3；

W_a——农田生态系统水源涵养量，m^3。

表 1-1 生态系统水源涵养功能评估指标框架

生态系统	二级指标	三级指标
森林	林冠层截留量	次降雨林冠层截留量
	地被层截留量	枯落物层持水量
	土壤蓄水容量	土壤非毛管孔隙度、土层厚度
草地	草被层持水量	次降雨草被层截留量
	枯草层持水量	枯草层持水量
	土壤蓄水容量	土壤非毛管孔隙度、土层厚度
农田	旱作农作物截留量	旱作农作物次降水截留量
	土壤蓄水容量	土壤非毛管孔隙度、土层厚度
湿地	沼泽持水量	单位面积沼泽持水深
	湖泊蓄水容量	湖泊平均蓄水深
	水库蓄水容量	水库平均蓄水深
	水田蓄水容量	水田平均蓄水深

研究区森林生态系统水源涵养功能分别对林冠层、枯落物层和土壤层蓄水能力进行计量评估。生态系统水源涵养量为次降雨林冠层截留量（W_h）、枯落物层持水量（W_l）和土壤蓄水容量（W_s）之和。即：

$$W_f = W_h + W_l + W_s \tag{1-2}$$

式中：W_h——次降雨林冠层截留量，m^3；

W_l——枯落物层持水量，m^3；

W_s——土壤蓄水容量，m^3。

研究区草地、农田生态系统水源涵养量评估所涉及的三级指标与森林生态系统类似。计算模型参照上述森林生态系统的方法进行。

湿地生态系统水源涵养量以划分的评估单元中不同湿地类型的平均蓄水深度（D_{ave}）作为计量单位，由湿地面积（A）进而得到各类湿地系统蓄水容量作为其水源涵养量。即

$$W_{\text{w}} = D_{\text{ave}} \times A \tag{1-3}$$

式中：D_{ave}——评估单元中不同湿地类型的平均蓄水深度，m；

A——湿地面积，m^2。

（2）防风固沙功能

防风固沙功能采用防风固沙量进行表征，防风固沙量的衡量指标包括坡度、风速、相对湿度、大风日数、植被覆盖度和土壤平均粒径六项。

采用董治宝（1998）建立的风蚀流失模型，分别计算区域生态系统潜在和现实的土壤侵蚀量，取二者之差作为生态系统防风固沙量。

$$Q = \int_t \int_x \int_y \left\{ \begin{aligned} &3.90\left(1.041\,3 + 0.044\,13\theta + 0.002\,1\theta^2 - 0.000\,1\theta^3\right) \times \\ &\left[V^2 \left(8.2 \times 10^{-5}\right)^{V_{\text{CR}}} S_{\text{dr}}{}^2 / \left(H^8 d^2 F\right) x, y, t \right] \end{aligned} \right\} \mathrm{d}x \cdot \mathrm{d}y \cdot \mathrm{d}t \tag{1-4}$$

式中：Q——风蚀量，t；

θ——坡度，（°）；

V——风速，m/s；

V_{CR}——植被覆盖度，%，使用归一化植被指数估算；

S_{dr}——人为地表结构破损率，%，取 1；

H——空气相对湿度，%；

d——土壤平均粒径，mm；

F——土体硬度，N/cm^2，取平均为 $0.90N/cm^2$；

t——时间，s，以研究区域大风日数（d）进行换算；

x，y——距离参照点距离，km。

$$Q_{\text{c}} = Q_{\text{w}} - Q_{\text{s}} \tag{1-5}$$

式中：Q_{c}——防风固沙量，t；

Q_{w}——假设无植被覆盖情况下的风蚀量，t；

Q_{s}——实际风蚀量，t。

（3）土壤保持功能

土壤保持功能采用土壤保持量进行表征，土壤保持量的衡量指标包括降雨侵蚀性、土壤可侵蚀性、坡长坡度、植被覆盖和管理措施五大指标。

采用通用水土流失方程（USLE）来评估研究区的土壤保持量，估算公式为：

$$A_c = R \times K \times \mathrm{LS} \times (1 - C \times P) \tag{1-6}$$

式中：A_c——土壤保持量，t/（hm^2·a）；

　　　R——降雨侵蚀性因子，MJ·mm/（hm^2·h·a）；

　　　K——土壤可侵蚀性因子，t·h/（MJ·mm）；

　　　LS——地形因子；

　　　C——植被覆盖和作物管理因子；

　　　P——管理措施因子。

降雨侵蚀力（R）在降雨量较丰富地区，采用简易算法，模型如下：

$$M_i = \alpha \sum_{j=1}^{k} (D_j)^{\beta} \tag{1-7}$$

式中：M_i——第 i 个半月时段的侵蚀力值，MJ·mm/（hm^2·h）；

　　　k——该半月时段内的天数，d；

　　　D_j——半月时段内第 j 天的侵蚀性日雨量，mm（要求日雨量≥12 mm，否则以 0 计算）；

　　　α 和 β——模型待定参数，利用日雨量参数估计模型估计参数 α 和 β 的公式。

$$\beta = 0.836\,3 + 18.144 / P_{d12} + 24.455 / P_{y12} \tag{1-8}$$

$$\alpha = 21.586 / \beta^{7.1891} \tag{1-9}$$

式中：P_{d12}——日雨量≥12 mm 的日平均雨量，mm；

　　　P_{y12}——日雨量≥12 mm 的年平均雨量，mm。

土壤可侵蚀性（K）采用 Williams 等（1983）在 EPIC（Erosion-Productivity Impact Calculator）模型中的方法，该方法仅需土壤有机碳和颗粒组成资料。

$$
\begin{aligned}
K = &\left\{ 0.2 + 0.3 \times \exp\left[-0.0256 \times S_d \times (1 - S_1 / 100) \right] \right\} \times \\
&\left[S_1 / (C_1 + S_1) \right]^{0.3} \times \left\{ 1.0 - 0.25 \times C / \left[C + \exp(3.72 - 2.95 \times C) \right] \right\} \times \\
&\left[1.0 - 0.7 \times (1 - S_d / 100) \right] / \left\{ 1 - S_d / 100 + \exp\left[-5.51 + 22.9 \times (1 - S_d / 100) \right] \right\}
\end{aligned}
\tag{1-10}
$$

式中：K——土壤可侵蚀性，为英制单位，乘以 0.132 后转换成国际制单位，t·h/（MJ·mm）；

　　　S_d——砂粒含量，%；

　　　S_1——粉粒含量，%；

　　　C_1——黏粒含量，%；

　　　C——有机碳含量，%。

地形因子（LS）包括坡长因子（L）和坡度因子（S），采用计算公式如下：

$$LS_i = (l_i / 22)^{0.3} \times (\theta_i / 5.16)^{1.3}$$ （1-11）

式中：LS_i——第 i 个分析像元的 LS 因子；

l_i——第 i 个分析像元的坡长，m；

θ_i——第 i 个分析像元的坡度，（°）。

其中，坡度数据可由数字高程模型（Digital Elevation Model，DEM）派生，坡长则可由坡向、坡度和分析像元边长得到。

植被覆盖指标（C）基于研究区的植被覆盖度来估算：

$$C = \begin{cases} 1, f_v \leqslant 0.1\% \\ 0.650\,8 - 0.343\,6 \lg f_v, 0.1\% < f_v < 78.3\% \\ 0, f_v \geqslant 78.3\% \end{cases}$$ （1-12）

式中：f_v——年均植被覆盖度，%。

可以根据 Gutman 等（1998）的研究，区域植被覆盖度与植被指数存在以下关系：

$$f_v = \frac{\text{NDVI} - \text{NDVI}_{\min}}{\text{NDVI}_{\max} - \text{NDVI}_{\min}}$$ （1-13）

式中：$\text{NDVI}_{\max}$——植被整个生长季归一化植被指数（NDVI）的最大值；

$\text{NDVI}_{\min}$——植被整个生长季归一化植被指数（NDVI）的最小值。

管理措施因子（P）表示水土保持措施对土壤侵蚀的影响程度。若采取等高耕作、修梯田或条带种植等控制措施，P 值小于 1；若以自然植被和坡耕地为主，则 P 值为 1。根据研究区的 DEM 和土地利用/覆被（LULC）数据确定。

（4）生物多样性保护功能

生物多样性保护功能采用生物多样性指数进行表征，生物多样性指数的衡量指标包括植被景观多样性指数、物种多样性指数、自然保护区指数、国家级保护植物物种多样性指数、国家级保护动物物种多样性指数五大指标。

一级评估指标——生物多样性指数（BI）是植被景观多样性指数、以生态系统类型为依托的物种多样性指数、自然保护区指数、国家级保护植物、动物物种多样性指数五个评价指标的加权求和，各项评价指标权重的确立采用的是专家咨询法。建议采用如下的权重设置。

生物多样性指数（BI）=植被景观多样性指数×0.3+物种多样性指数×0.25+

自然保护区指数×0.15+国家级保护植物物种多样性指数

×0.15+国家级保护动物物种多样性指数×0.15 （1-14）

植被景观多样性指数采用 Shannon-Weiner 多样性指数的计算表达式，即：

$$H = \sum_{i=1}^{n} P_i \log_2(P_i) \tag{1-15}$$

式中：H——区域植被景观的 Shannon-Weiner 多样性指数，H 值越大，表示植被景观多样性越大，生态系统越丰富；

P_i——该区域植被景观类型（植被群系）i 所占面积的比例；

n——植被群系的数目。

物种多样性指数以生态系统类型为依托，其计算方法是：首先将研究区每种生态系统类型的面积进行归一化处理，评价指标的归一化方法为：

$$归一化后的评价指标（SI）=归一化前的评价指标×归一化系数 \tag{1-16}$$

$$归一化系数=100 / A_{max} \tag{1-17}$$

式中：A_{max}——某指标归一化处理前的最大值，这里为整个研究区各类型生态系统的面积。

然后计算依托生态系统类型的物种多样性指数，计算方法为：

物种多样性指数（S）＝SI $_{针叶林}$×0.05＋SI $_{针阔混交林}$×0.2＋SI $_{阔叶林}$×0.5＋SI $_{竹林}$×0.05＋

SI $_{灌丛}$×0.05＋SI $_{草地}$×0.03＋SI $_{草甸}$×0.03＋SI $_{稀疏植被}$×0.02＋

$$SI _{湿地}×0.03＋SI _{荒漠}×0.01＋SI _{农业}×0.03 \tag{1-18}$$

自然保护区指数以归一化处理后的区域各种类型自然保护区面积和野生生物型自然保护区面积为基础，计算自然保护区指数：

$$自然保护区指数（C）＝CI _{国家级}×0.6＋CI _{省级}×0.3＋CI _{市县级}×0.1 \tag{1-19}$$

国家级保护植物、动物物种多样性指数，统计区域内国家级保护植物、动物种类及数量，通过数量归一化处理后，计算国家级保护植物、动物物种多样性指数：

国家级保护植物物种多样性指数（P）＝PI $_{国家一级保护植物}$×0.65＋PI $_{国家二级保护植物}$×0.35

$$\tag{1-20}$$

国家级保护动物物种多样性指数（A）＝AI $_{国家一级保护动物}$×0.65＋AI $_{国家二级保护动物}$×0.35

$$\tag{1-21}$$

（5）洪水调蓄功能

洪水调蓄功能采用洪水调蓄量进行表征。洪水调蓄量的衡量指标包括丰水期水位、枯水期水位、蓄水面积、水库调节库容四类。

对于湿地和湖泊生态系统类型，以划分的评估单元中不同湿地或湖泊类型在年内丰水期水位（$D_丰$）和枯水期水位（$D_枯$）之差，和相应的蓄水面积（A）的乘积得到的年内最大蓄水调节容量作为其洪水调蓄量。即：

$$F_{湿,湖} = (D_丰 - D_枯) \times A \tag{1-22}$$

式中：$D_丰$——年内丰水期水位，m；

   $D_枯$——年内枯水期水位，m；

   A——蓄水面积，m^2。

对于各种水库，则采用其设计建造的调节库容作为其洪水调蓄量。

1.2.3.2 基于价值量的生态系统服务功能评价

生态系统服务功能的经济价值评估方法可分为两类（欧阳志云等，1999；刘玉龙等，2006）：一是替代市场技术，它以"影子价格"和消费者剩余来表达生态服务功能的经济价值，评价方法多种多样，其中有市场价值法、重置成本法和替代成本法、疾病成本法和人力资本法、机会成本法、旅行费用法和享乐价格法；二是模拟市场技术（又称假设市场技术），它以支付意愿和净支付意愿来表达生态服务功能的经济价值，其评价方法只有一种，即条件价值法。

（1）条件价值法

也称调查法和假设评价法，它是在生态系统服务功能价值评估中应用最广泛的评估方法之一。条件价值法属于模拟市场技术的方法，它的核心是直接调查咨询人们对生态服务功能的支付意愿，并以支付意愿和净支付意愿来表达生态服务功能的经济价值。条件价值法适用于缺乏实际市场和替代市场交换商品的价值评估，是"公共商品"价值评估的一种特有的重要方法。

在实际研究中，从消费者的角度出发，在一系列假设问题下，通过调查、问卷、投标等方式获得消费者的支付意愿和净支付意愿，综合所有消费者的支付意愿和净支付意愿来估计生态系统服务功能的经济价值。基本步骤包括界定评估对象、进行访问、进行正式调查、整理分析调查结果，需要掌握的资料包括公众对于调查对象（服务和产品）的了解和认可程度、生态系统服务功能影响的受众人群、样本人群的社会经济特征以及评估对象的实际生态环境状况，用到的访问方法有开放式提问、封闭式提问、二分式提问、连续投标法、支付卡法等。

该方法相对于其他评估方法更符合经济学的内涵和基础——效用论和消费者偏好的要求，可以得到每个消费者的消费者剩余，有效地解决目前科技滞后所造成的某些价值评估的困难，是目前唯一可以用来评估全部生态系统价值的比较成熟的方法。但由于该方法是对消费者的主观调查，而不是通过客观的行为来体现，只是主观行为倾向的调查，所以容易造成各种偏差，受被调查者自身素质的影响和干扰，且费用昂贵，技术复杂。

（2）市场价值法

市场价值法先定量地评价某种生态服务功能的效果，再根据这些效果的市场价格来评估其经济价值。市场价值法适合于没有费用支出的但有市场价格的生态服务功能的价值评估。例如没有市场交换而在当地直接消耗的生态系统产品，这些自然产品虽没有市场交换，但它们有市场价格，因而可按市场价格来确定它们的经济价值。

在实际评价中，通常有两类评价过程。一是理论效果评价法，它可分为三个步骤：首先计算某种生态系统服务功能的定量值，如涵养水源的量、二氧化碳固定量、农作物增产量；其次研究生态服务功能的"影子价格"，如涵养水源的价格可根据水库工程的蓄水成本，固定二氧化碳的价格可以根据二氧化碳的市场价格；最后计算其总经济价值。二是环境损失评价法，这是与环境效果评价法类似的一种生态经济评价方法。例如，评价保护土壤的经济价值时，用生态系统破坏所造成的土壤侵蚀量及土地退化、生产力下降的损失来估计。以上评价过程的关键就是利用相关市场资料来估计消费者的市场需求曲线，依据需求曲线确定市场价格。

这种方法根据的是实际发生的市场行为，能够明确反映消费者的个人偏好和真实的支付意愿，且由于真实市场的存在，所以评估过程中需要的价格、销售量（产量）、生产成本等数据较容易获得。但由于运用的数据只是可以通过市场交易的产品和服务的数量，也就是只考察了生态系统及其产品的直接经济效益，无法全面反映其价值，且市场制度的不完善和失灵导致完全竞争难以实现，从而导致市场价格不是消费者真实支付意愿的反映，实际评价时仍有许多困难。

（3）重置成本法和替代成本法

重置成本法通过衡量在遭到损害后，恢复或者重置某种功能所花费的成本，以此来评估生态系统服务功能的价值。该方法要求用完全恢复某种自然资源的成本，也就是说通过重置生态系统服务功能的成本来估计该服务功能的价值。替代成本法是指当某项生态服务价值受到破坏后，人工建造一个替代工程来代替原来的环境功能，用建造新工程的费用来估计环境污染或破坏所造成的经济损失。

这两种方法很相似，基本步骤也大致相同：① 评估生态系统服务功能的物理特性，如划分服务功能边界、某种服务功能的物理供给量及其质量、受众人群；② 明确提供某种服务功能最小成本的替代物的方法；③ 计算替代或者重置成本；④ 收集公众为此替代物的支付意愿，以建立公众对于替代物的需求函数。需要的信息包括各种重置功能或者替代工程的投入费用以及受众人群的相关信息。

这两种方法在生态系统服务功能不具有市场性的情况下，估计产生效益的行为的成本要比估计效益本身容易得多，且不需要详细的资料和资源统计信息，解决难以估算支付意愿和生态系统服务功能价值评估的难题。但成本在通常情况下和收益不对等，故该方法很容易低估造成的生态服务价值损失，完全重置生态系统服务功能以及找到对自然生态系统服务功能替代程度高的工程几乎是不可能的，且这些方法所涉及的成本支出产生的效益是多重性的，因此容易导致评估结果的不准确。

（4）疾病成本法和人力资本法

生态环境恶化对人体健康造成的损失主要有三方面：因污染致病、致残或早逝而减少本人和社会的收入；医疗费用的增加；精神和心理上的代价。人力资本法和疾病成本法都是通过估算生态环境变化对于劳动力的体力和智力的影响来评估生态环境功能价值的。主要用于各种生态环境功能变化对人体健康所造成的影响进行评价。

疾病成本法的计算公式如下：

$$I_c = \sum_{i=1}^{k}(L_i + M_i) \tag{1-23}$$

式中：I_c——由于生态服务功能变化所导致的疾病损失成本；

L_i——i 种疾病患者由于生病不能工作所带来的平均工资损失；

M_i——i 种疾病患者的医疗费用。

人力资本损失法的计算公式如下：

$$V = \sum_{i=1}^{T-t} \frac{P_{(t+i)} \times E_{(t+i)}}{(1+r)^j} \tag{1-24}$$

式中：$P_{(t+i)}$——年龄为 t 的人活到 $t+i$ 的概率；

$E_{(t+i)}$——年龄为 $t+i$ 时的预期收入；

r——折现率；

T——从劳动力市场上退休的年龄。

以上方法只有在很清楚地表明生态环境功能损坏和疾病、死亡存在明确的因果关系，并且损失成本可以利用货币来计量时才可以使用。由于很多生态环境功能的破坏并不会直接影响人体健康，故该方法的使用范围很小。

（5）机会成本法

边际机会成本是由边际生产成本、边际使用成本和边际外部成本组成的。机会成本是指在其他条件相同时，把一定的资源用于生产某种产品时所放弃的生产另一种产品的价值，或利用一定的资源获得某种收入时所放弃的另一种收入。对于稀缺性的自然资源和生态资源而言，其价格不是由其平均机会成本决定的，而是由边际机会成本决定的，它在理论上反映了收获或使用一单位自然资源和生态资源时全社会付出的代价。计算公式如下：

$$OC_i = S_i \times Q_i \tag{1-25}$$

式中：OC_i——第 i 种资源损失机会成本的价值；

　　　S_i——第 i 种资源单位机会成本；

　　　Q_i——第 i 种资源损失的数量。

该方法适用于某些生态服务功能不能直接估算的场合，比如水库淤积防洪能力降低、耕地生产力下降、水资源短缺引起的价值损失等，特别适用于自然保护区或具有唯一特征的自然资源的开发项目的评估。该方法简单实用，容易被公众理解和接受，但无法评估非使用价值，以及无法评估某些具有明显外部性，但外部性收益难以通过市场化进行衡量的公共物品。

（6）旅行费用法

旅行费用法以消费者的需求函数为基础来进行分析和研究，用以估计可以用于娱乐的生态系统或者地域的价值。其基本假设前提是人们去某个地区旅行时的花费代表了进入这个地点的价格。该方法主要包括区域旅行费用法、个人旅行费用法等。

区域旅行费用计算公式如下：

$$Q_i = V_i / P_i = f(C_{Ti}, x_{i1}, x_{i2}, \cdots, x_{ij}, \cdots, x_{im}) \tag{1-26}$$

式中：Q_i——i 区域的旅游饱和率（$i=1$，2，$\cdots$，n）；

　　　V_i——根据抽样调查结果推算出从 i 区域到评价地点的总旅游人数；

　　　P_i——出发地区的总人口数；

　　　C_{Ti}——从区域到评价地点的总旅行费用；

　　　x_{ij}——i 区域旅游者 j 的收入、受教育水平和其他社会经济支出（$j=1$，2，$\cdots$，m）。

通过以上公式，可以建立评价地区的需求曲线。

个人旅行费用法计算公式如下：

$$V_{ij} = f(P_{ij}, T_{ij}, Q_j, S_j, Y_i) \tag{1-27}$$

式中：V_{ij}——个人 i 到 j 地区的旅行次数；

　　　P_{ij}——每次去 j 地区个人 i 的花费；

T_{ij}——每次去 j 地区个人 i 花费的时间；

Q_i——旅行地点的效用衡量，主观品质感觉；

S_j——替代物的特征；

Y_i——个人收入或者家庭收入。

旅行费用法是以标准的经济衡量技术来做模型的，并且使用的信息主要来自于实际发生的行为而不是假定场景，因此这种方法一般不会造成争议。但消费者的多目的性会导致评估结果偏高，定义和衡量旅行成本存在争议，取样偏差、统计方法也会对结果产生影响，也并非完全市场化，仍然也是有缺陷的。旅行费用法通常用来估计生态系统具有的娱乐价值，是一种显示偏好的方法，因此在当前资料和信息缺乏时，可以当做一个评估娱乐价值的比较好的方法。

（7）享乐价格法

享乐价格法就是人们赋予环境质量的价值可以通过愿意为优质环境物质享受所支付的价格来推断。享乐价格与很多因素有关，如房产本身数量与质量，距中心商业区、公路、公园和森林的远近，当地公共设施的水平，周围环境的特点等。享乐价格理论认为：如果人们是理性的，那么他们在选择时必须考虑上述因素，故房产周围的环境会对其价格产生影响，因周围环境的变化而引起的房产价格的高低可以估算出来，以此作为房产周围环境的价格。西方国家的享乐价格法研究表明：树木可以使房地产的价格增加 5%～10%；环境污染物每增加一个百分点，房地产价格将下降 0.05%～1%。

该方法的基本步骤为：① 调查环境相关属性，包括空气、水等环境因素的品质；② 根据便利性和准确性，选择具体的函数形式，并进行函数形式的敏感性分析，找出最为适合评估对象的函数形式；③ 收集相关数据，如评估对象的市场交易数据；④ 建立模型，进行回归分析，进而评估该服务功能的价值。

该方法以实际市场价格和容易获得的价格为基础，因而此种方法容易运用且成本低，且估计价值的基础是市场上的实际选择行为，反映了消费者的实际偏好。但人们的选择常常受到很多因素的限制，导致环境因素和其相关的市场价值之间缺乏有效的联系渠道，即缺乏对全因素的考察，且评估结果过度依赖函数形式的选择和模型的设定。尽管享乐定价模型比较复杂，但是在估计商品的不同组成因子的收益时是一个非常好的方法。

1.2.3.3 基于能值量的生态服务功能评价方法

能值评价法是在 Odum 的能值理论和系统生态学原理的基础上发展起来的，其目的是试图将无法简单地用经济价值衡量的生态系统功能与过程，通过一定的转换，用一种便于比较的新的测度方式表示，也可称为能值核算（谢高地等，2006）。能值实质就是能量大小的统称。任何形式的能量均源于太阳能，故常以太阳能为基准来衡量各种能量的能值。任何资源、产品或劳务形成所需的直接和间接应用的太阳能的多少，就是其所具有的太阳能值（Solar Energy）。

能值转换率是从生态系统食物链和热力学原理引申出来的重要概念，用于表示能量等级系统中不同类别能量的能质，与系统的能量等级密切相关。能值转换率，就是每单位某种形式的能量（单位 J）或物质（单位 g）所含的能值。实际使用的是太阳能值转换率（Solar Transformity），即单位能量或物质所含的太阳能值，单位为 sej/J 或 sej/g。

不同的能量或物质具有不同的太阳能值转换率。一般而言，处于自然生态系统和社会经济系统较高层次上的产品或生产过程具有较大的太阳能值转换率。人类的劳动、高科技产品和复杂的生化物质等均属高能质，具有高太阳能值转换率。H. T. Odum 从地球作用的角度，换算出自然界和人类社会中主要能量类型的太阳能值转换率，见表 1-2。

表 1-2　几种主要能量类型的太阳能值转换率

能量类型	太阳能值转换率/（sej/J）
太阳光	1
风能	623
有机物质	4 420
雨水势能	8 888
雨水化学能	15 423
河流势能	23 564
河流化学能	41 000
波浪、海潮机械能	17 000～29 000
燃料	18 000～58 000
食物、果菜、粮食、土产品	24 000～200 000
高蛋白食物	1 000 000～4 000 000
人类劳动	80 000～5 000 000 000
资料信息	10 000～10 000 000 000 000

资料来源：Odum，1988，1996。

能值以分析手段与步骤而言，包括能量系统模型图和能值综合图的绘制、各种能值分析表的制定、能量物质流量计算与能值计算评价、能值转换率和各种能值指标的计算分析、系统模拟等。基本步骤如下：

1）资料收集：收集各种与研究对象相关的自然环境、地理和社会经济资料数据，整理分类并存机处理。

2）能量系统图的绘制：应用 H.T.Odum 的"能量系统语言"图例，绘制能量系统图，以组织收集的资料，形成包括系统主要组分及相互关系的系统图解。

3）编制各种能值分析表：计算系统的主要能量流、物质流和经济流；根据各种资源的相应能值转换率，将不同度量单位（J、G 或$）的生态流或经济流转换为能值单位（sej）；编制能值分析评价表，评价它们在系统中的地位和贡献。

4）构建系统的能值综合结构图：构建体现系统资源能值基础的能值综合结构图，对总系统和各子系统生态流进行集结和综合。

5）建立能值指标体系：由能值分析表及系统能值综合结构图，进一步建立和计算出一系列反映生态与经济效率的能值指标体系，如人均能值、能值/货币比率、能值投入率、净能值产出率、能值交换率、环境承载率、能值密度等。

6）系统模拟：可采用能量系统动态模拟进行。

7）系统的发展评价和策略分析：通过能值指标比较分析，系统结构与功能的能值评价和模拟，为制定正确可行的系统管理措施和经济发展策略提供科学依据，指导生态经济系统良性循环和可持续发展。

1.2.3.4 基于博弈论的生态系统服务功能评价

集体评价法（Group Valuation，GV）基于不同社会团体之间的博弈来决定生态系统的服务功能，目前集体评价法越来越受到重视。这种方法来自于社会学和政治学理论，建立在民主协商的基础上，认为社会政策应该通过社会公开辩论决定，而不是基于个人偏好的单独测定和加和来决定（田运林，2008）。该方法的基本思路是：不同的社会团体聚集到一起讨论公共物品的经济价值，讨论结果可以用来指导环境政策的制定。通过一种公平、公开的讨论程序，社会团体可以从被广泛接受的社会价值出发了解公共物品的信息，而不只是局限于私人利益，其结果增加了社会平等性和政治合理性，通过集体讨论可以形成关于生态系统服务价值更加完整和公平的评估。

1.2.4 国内外评价方法的优劣性

1.2.4.1 物质量评价法的优劣性

优势：① 物质量评价是以生态系统服务功能机制研究为理论基础，能够比较客观恒定地反映生态系统的结构功能及生态过程,进而反映生态系统的可持续性;② 运用物质量评价方法对区域生态系统服务进行评价,其评价结果较直观且仅与生态系统自身的健康状况和生态系统提供服务的能力有关,特别适合于同一生态系统不同时段提供服务能力的比较研究,以及不同生态系统所提供的同一项服务能力的比较研究,适用于空间尺度较大的区域生态系统或关键的生态系统。

劣势:物质量评价方法得出的各单项生态系统服务价值的量纲不同,无法进行加总,所以无法得出某一生态系统的综合生态系统服务的总价值。

1.2.4.2　价值量评价法的优劣性

优势:① 价值量评价方法因为计算生态系统服务能力所得的结果都是货币值,所以比较有利于利用人们对货币值明显的感知,引起人们对区域生态系统服务足够的重视;② 有利于得出某一生态系统的各单项服务货币值;③ 有利于纳入国民经济核算体系,最终实现绿色 GDP。

劣势:① 由于价值量反映了人们对生态系统服务的支付意愿,这无疑使其结果存在主观性,随着人类对生态系统的加剧利用,生态资源逐渐耗竭,生态系统为人类提供的服务的价值会越来越高;② 目前众多学者对有关自然生态系统是否有价值和价值形态如何等问题的看法不一,作为自然资产收益的生态系统服务的价值就更加难以获得一致的认识,虽然有的生态系统服务具有市场,能够进行交易,如初级产品,但是大部分生态系统服务的市场是发育不良的、扭曲的或完全空缺的,因此对生态系统服务进行估价肯定是非常困难而又充满不确定性的;③ 价值化的指标和方法尚未形成统一的体系,选择不同的指标和方法计算出的结果差异较大,导致评价结果易受人为操作,其客观性受到质疑。

1.2.4.3　能值量评价法的优劣性

优势:① 把生态系统与人类社会经济系统统一起来,着重于生态系统自然属性和经济特征的整体分析;② 将不同服务功能使用统一的指标量化评价,有利于对不同生态系统服务功能以及社会经济服务功能进行比较。

劣势:① 一些矿物资源、地热、物种资源与太阳能几乎没有关系,很难用太阳能值来度量;② 能值分析法直接反映的是物质产生过程中所消耗的太阳能,不能反映人类对生态系统所提供的服务的需求性,即支付意愿。

1.2.4.4 博弈论评价法优劣性

优势：基于民主协商的评价有利于平衡社会团体多方面的利益，减缓在规划实施过程中的利害冲突。

劣势：科学性基础差，是以人的意识为基础的评价，团体与个人在追求自我利益最大化的时候容易低估生态服务功能的价值，不能科学地反映生态系统服务功能的价值。

1.3 规划环评中生态服务功能评价国内外研究进展

1.3.1 国外相关研究进展

在国外，生态系统服务功能的概念在"千年生态系统评估"后得到了极大关注，但在战略环评中应用生态系统服务功能评估的案例仍然很少，只有少数案例明确认可了生态服务功能，因此很难找到生态系统服务功能应用于战略环评较好的实践案例。在应用生态系统服务功能概念的战略环评中，关于水或者湿地的战略环评较多，原因在于水的服务功能较多，故对其评价也较多，且关于水的生态系统服务功能评价研究也较多。

1.3.1.1 英国

英国的经验表明，依靠元数据或者其他地区的数据进行完整的生态系统服务功能价值评估是困难的，必须进行本地数据的收集，但该项工作费时费力；而进行价值评估的不确定性较大，不确定性分析是防止该误差酿成错误决策的重要参考内容。例如，英国在对威尔汉姆海防堤调整规划进行战略环境影响评价时，其中农业土地价值使用市场价值法评估，休闲与旅游功能使用旅行费用法和陈述偏好法，其他服务功能如碳存储、养分循环、航海、渔业等难以进行货币转化的服务功能则只是被列出作为参考，没有对其进行价值评估，对栖息地的价值评估就是参考其他地区的研究成果。基于以上估算，计算生态系统服务功能价值的绝对值和相对于基准情景的相对值。在评审中遭受的质疑最多为：由于每个人对生态系统可能发生的变化的预期不同，很难确定到底应该包括哪些服务、怎样才能确定不产生重复计算；由于人们对于生态系统可能发生的变化的预期不同，导致人们认为计算得出的数据和经济价值不确定性很大；由于参考的是其他地区的研究成果，而地区间的差异性也成为不确定性的争论点之一，特别是作为栖息地功能的价值评估，不同的参考对象会对评价结果产生完全不同的影响。

1.3.1.2　荷兰

荷兰的经验表明，价值量评价能够增进人们对复杂生态系统服务功能的了解，但应对关键的不确定性进行强调说明，以免误导决策。生态系统服务功能的价值评估的目的不在于阻止项目的实施，而应着重于促进项目开发的理性实施。在荷兰瓦登海天然气开采规划环评中，首先将生态系统服务功能分为调节功能（CO_2 存储、洪水防护、烟雾消除、战略饮用水水源地保护、海水净化、马铃薯害虫控制、土地生产）、栖息地功能（保护自然、保育贻贝、鲽鱼和虾类）、信息功能（旅游和休闲）和生产功能（生产蚌类、蚶类、海蚯蚓和虾类），其次使用效益转移法、避免损害成本法、影子价格法、市场价格法等对各项生态系统服务功能进行经济价值评价，但对遗赠价值和存在价值没有进行评估，最后设置了三种情景（1～5 年内无危害可能性，6～10 年有 50% 危害可能性，11～50 年内有 100% 危害可能性）进行规划项目的评价，计算出规划实施所带来的生态系统服务功能的效益和费用的变化，然后对项目进行费用—效益分析。但评价最受质疑的地方便是人们对生态系统服务功能的认识是有限的，计算结果可能存在重复计算和高估问题。另外，对生态服务功能的内在价值也没有计算，这些在最终评审过程中也成为争论的焦点。最终生态服务功能价值评价虽然没有能阻止项目的实施，但影响了天然气开采的范围，即只能在瓦登海边界处开采。

1.3.1.3　西班牙

西班牙的经验表明，忽视规划带来的生态系统服务功能影响会导致对生态环境造成极大负面影响的规划的通过和实施。例如在西班牙西水东调工程中，计划将西班牙埃布罗河三角洲的水调往东部地区使用，如果仅仅评价引水地埃布罗生态系统服务功能支撑的农业、渔业、水产业和旅游业的经济价值，而忽视埃布罗三角洲是世界重要的湿地，以及该湿地所承载的大量的鸟类、鱼类等动物，将大大低估埃布罗三角洲的价值，进而可能影响调水工程的实施，对埃布罗三角洲生态环境造成极大的负面影响。

1.3.1.4　美国

美国在战略环评中对生态系统服务功能进行评价的案例与欧洲相比则较少，其更倾向于使用生态系统服务功能评价的概念，运用环境与资源经济的方法对已经发生的生态危害事件进行经济损失评估，然后依据评估结果进行生态补偿。例如，美国埃克森公司在瓦尔迪兹石油泄漏损失评估中，对该项目自然资源的损失评估包括鸟类和哺乳动物的损失（重置费用法）、休闲娱乐损失（基于该活动数量影响的评估）、钓鱼与体育项目损失（基于对该活动数量影响的评估）、旅游产业损失（旅行费用法）、被动使用价值的持续性损失（支付意愿法）五项损失，埃克森公司最终被判处向美国政府和阿拉斯加州政府缴纳 9 亿美元的生态补偿。

综上所述，发达国家对生态系统服务功能的评价指标较多，涉的内容不仅包括容易评价的生产功能、调节功能，还包括较难评价的文化功能、支持功能，由于其市场经济较为完善，使用的方法也都倾向于采用价值量评价法，然后结合费用效益进行分析，以辅助决策。其中，基于价值量的评价方法较好地应用了环境经济学的发展成果，常用到的方法有：基于市场的价值评估法，包括替代费用法、纯收入法和产量方程法等；揭示偏好法，包括享乐价值法和旅行费用法等；陈述偏好法，包括估价法和选择模型法等。还有一种特殊的方法即是案例参考法，即参考和评价本区域相似的区域已有的研究成果进行评价。虽然对生态系统服务功能的评价指标较多，由于生态系统和社会之间的复杂联系，生态系统服务功能的价值评估经常面临方法上的难题，因而完整的生态系统服务功能的评价仍然十分困难。

1.3.1.5 其他发展中国家

发展中国家与发达国家相比在战略环评方面做得较少，而在战略环评中对生态系统服务功能进行评价的则更少。使用的评价方法有价值量的评价方法，也有基于决策树模型的价值量、物质量和社会的混合评价方法，但由于发展中国家的市场经济不发达，导致对自然资源定价非常困难，故而使用混合评价模式较多。其所关注的问题也多是经济增长与环保冲突、贫困与公平等问题。其中，基于社会的评价是指针对依附于生态系统服务功能存在的社会价值，例如调水工程不仅影响渔业产量，还影响渔业的就业岗位数量，进而对社会就业产生影响。例如，在埃及西部三角洲水源涵养与灌溉恢复工程的规划评价中，不仅考虑项目区域农场的平均净经济效益（量化）、对下游地区尼罗河三角洲农业产量的影响，还考虑了饮用水河流的生态系统服务功能对项目区域永久性和季节性工作岗位数量（量化）、对沿海湖泊渔业就业数量、对饮用水可获得性的影响（定性，用受影响的人数表达）等问题，在评价中关注的另一个话题即是公平与贫困，若调尼罗河水到西部三角洲进行灌溉，会增加 5 亿欧元的农产品收入，但调水会导致尼罗河下游水量减少和水质退化，对尼罗河下游的小农和渔民产生不利影响，进而提出生态补偿以解决该冲突。又如，在咸海阿姆河三角洲湿地恢复项目的战略评价中，考虑的评价内容有水文、生态系统、经济系统、生存条件、实施能力等方面，各个内容的评价指标互不相同，为了能够对可选方案进行多重标准的分析，基于生态服务功能价值建立了水资源管理战略决策层次分析模型，请外地和本地专家使用层次分析法对五个模块下的子标准进行打分以确定权重，五个主要模块的权重则请区域和国家层次的决策者决定。

总之，国外战略环评中对生态系统服务功能进行评价也尚未普及，发达国家使用价值量评价较多，发展中国家则是价值量评价、物质量评价、社会评价混合使用较多，各国仍处于探索之中，在实践中已经显示出对可持续发展的促进作用。

1.3.2　国内相关研究进展

国内将生态系统服务功能评价应用于规划环评还处于探索阶段。对于战略环评中进行生态系统服务功能评价的理论探讨仍较局限，多集中在土地利用规划上，且目前没有太大突破；在实践中，只有个别案例在规划环评中涉及了生态系统服务功能的评价。

1.3.2.1　理论探讨

国内将生态系统服务功能评价应用于战略环评的理论探讨较早见于对土地利用政策的后期评估。于书霞等（2004）以生态系统服务功能价值为评价指标，通过政策实施前后生态服务功能价值变化的比较分析，对吉林省生态省建设中土地利用政策的环境影响进行定量分析评价；所核算的主要土地利用类型包括森林、草地、农田、水域和湿地、社会用地和未利用地，生态服务功能则主要考虑气候调节、水分调节、防止土壤侵蚀、原材料生产等方面；对于城镇用地、农村居民点用地、工业与交通建设用地等社会用地以及沙地、戈壁、盐碱地、裸土地、裸岩石砾等未利用地的生态服务功能价值不予考虑，将其设为零。该案例单纯地计算生态服务功能价值的变化，没有结合政策变化所带来的社会经济价值的变化，例如工业生产价值、住房价值等，导致过于突出生态服务功能价值变化，而忽视了社会经济价值的变化。

生态系统服务评价在规划环评中的理论探讨，也首先出现在对土地利用规划的回顾性环境影响评价中。许玉等（2005）以浙江省淳安县为例，探讨运用生态系统服务功能价值进行土地利用规划环境影响回顾性评价的方法，估算土地利用总体规划实施前后淳安县不同土地利用结构下的生态系统服务价值及其构成。相比之前有所改进的地方在于，用替代市场评估技术探讨了居民点及工矿用地的气体调节、水源涵养和废物处理服务功能价值的计算方法，即增加了对居民点及工矿用地的考虑，把人类活动也计入生态系统当中，计算出其生态系统服务价值为负值。随后出现了很多类似的研究（孟爱云等，2006；冉圣宏等，2006；陈忠升等，2010），在方法与内容上也大同小异，基本上都是计算出不同土地利用类型各种生态服务价值，建立单位面积土地生态服务价值系数，或者参照已有研究的单位面积土地生态服务价值系数，根据土地规划带来的土地利用的变化，依据单位面积土地生态服务价值系数计算生态服务价值变化的评价，所用到的都是价值量评价。

虽然后来生态系统服务功能价值评估在规划环评中的应用由回顾性环评转移到预测性环评（唐征等，2007；王娟等，2007；周永红等，2010；杨传俊等，2010），即进入真正的规划环评阶段，但其所用方法和之前的回顾性环评类似，依然是依据单位面积土地生态价值的价值量评价，没有什么突破。

1.3.2.2 实践案例

较早的实践案例是 2004 年的《邢台市总体城市规划（2003—2020）环境影响评价》，在其"生态环境影响分析与评价"章节中，使用"生态效应"的概念对生态系统的"净化空气、水体和土壤""改善小气候，防风、通风，降低城市噪声""涵养水源"三项功能进行了定性评价，对"固碳释氧"功能进行了简单的量化评价。该评价相当于生态系统服务功能评价，但评价的结果定性分析多于定量分析，只是作为支持园林绿地建设的论据，对决策影响不大。

在 2005 年的《大连市地市发展规划（2003—2020）环境影响评价》中，从生态系统气候调节、固碳释氧、涵养水源等方面评价了大连市林地、草地、水域面积、耕地、居民点用地、工矿交通用地六类土地利用类型的生态服务功能价值，估价为 5 077.7 亿元，相当于大连当年本市生产总值的 2.59 倍，为大连的发展提供了巨大的环境、经济和社会价值。该评价是基于货币的评价，出现在"生态系统现状调查与评价"章节中，仅仅进行了简单计算，就给出了现状值，对于规划实施后如何变化则没有更多的讨论，因而对决策没有产生影响，并没有发挥实质性的作用。

在 2008 年的《国家粮食战略工程河南核心区建设规划环境影响评价》中，对农田生态系统的服务功能进行了评价，采用市场价格法直接评价规划实施对农产品生产功能的影响，评价结果一方面直接计算了粮食产量带来的经济价值，另一方面认为该农业生产系统提供了就业岗位，减少了最低生活保障开支。还评价了农田的气候调节功能，计算了其二氧化碳固定量和氧气释放量，认为总的农田生态系统为碳汇，且规划的实施加强了有机质对农田的输入和减少了农田生态系统的氧化亚氮排放量。以上评价放在了"生态环境影响分析"章节中，同时使用了基于货币和基于物质的评价，有了使用生态服务功能评价来影响决策的意识，试图说明规划实施提高了农田生态服务功能。由于规划是在原有的农田景观基础上展开的，故没有对其他生态系统进行评价，对农田生态系统服务功能的评价只选择了生产和气候调节两项功能，并没有考虑化肥投入增加、农药投入增加、土壤耗蚀加重等带来的负面影响，故对生态系统服务功能理解得不完整，评价结果过于乐观。

在 2008 年的《山西蟒河国家级自然保护区生态旅游区规划环境影响评价》中，对生态系统服务功能的评价较为全面和具体，在"生态环境影响与分析"章节进行了"区域生态系统服务功能价值评估"，将生态系统类型划分为林地、耕地、水域三类，计算了自然生态价值与社会经济价值，前者包括涵养水源（影子价格法）、水土保持（包括保持土壤肥力、减少土地废弃和减少泥沙淤积；机会成本法和影子价格法）、固碳释氧（造林成本法）、净化空气（影子工程法和替代花费法）、调节气候（替代花费法）、栖息地及遗传资源功能（参考已有研究成果法）、生物多样性（直接市场评价法）、森林病虫害防治（替代花费法）、林业与供给水源（影子价格法）十项价值，用到了多种评价方法；后者包括旅游价值（旅行费用法）和就业价值（工资法）。计算结果表明，虽然规划后比规划前自然生态价值略有降低，但是社会经济价值有大幅提升，总生态系统服务功能价值略有增加。该评价使用了价值量的评价方法，考虑的生态系统服务功能较为全面，将生态系统服务功能评价运用到了决策之中，是将生态系统服务功能应用于规划环评较为典型的案例。

综上来看，生态服务功能评价在规划环评中的应用还处于探索阶段。价值量评价和物质量评价均有使用，但以价值量评价较多；评价方法也逐步趋于规范，但仍缺乏统一的标准；使用层次也逐渐由现状评价发展到预测评价，对决策开始产生影响。

1.3.3　国内外关注对象

选择评价尺度是进行生态系统服务功能评价的第一步，决定了后续工作的层次；生态系统服务功能的定义是评价的基础，决定了评价工作的完整性与准确性；生态系统服务功能评价的目的从生态系统可持续发展的角度影响决策，可选方案是决策的选项，对其进行评价和比较是项目的重点内容；对于在规划环评中由评价发现的规划实施可能带来的矛盾，生态补偿成为重要的解决方案。

1.3.3.1　评价尺度选择

评价尺度的选择决定了评价的精度问题，也决定了其工作量以及难度。在目前生态系统服务评价应用于战略环评的案例中，多数倾向于选择景观尺度，即对有多种景观类型的生态系统按照景观生态系统类型分别进行评价，若只有一种景观类型，则不再进行细分。例如，对咸海阿姆河三角洲湿地恢复项目的战略评价，认定的三种主要景观生态系统类型为：永久性湖泊和沼泽，季节性洪泛平原，拥有 2～5 m 深地下水并支持高密度植被的旱地。在南非 uMhlathuze 市城市发展战略环评中，对生态服务功能价值的评价也是基于景观尺度；该评价将城市划分为不同的流域单元，依据不同景观生态系统类型对环境服务和物质的供需情况，对每个流域单元的环境服务和物质功能评价，并将评价结果分为红色、橙色和绿色，分别表示不同的可持续发展情况。

1.3.3.2　生态系统服务功能的定义

生态系统为人类提供了多种服务功能，如何正确和全面定义这些功能，是进行评价的基础。目前，多数对生态系统服务功能的定义倾向于采用"宏观—微观两层结构"定义法，即先列出生态系统提供的所有服务和物质，此为微观层面，然后对其进行分类汇总，达到宏观层面。例如，英国威尔汉姆海防堤调整规划环评定义的生态服务功能有：

支持功能：养分存储（调节功能：水质净化）；土壤形成，初级生产力；

供给功能：牧场损失，渔业变化；

调节功能：碳存储（气候调节），侵蚀调控；

文化功能：休闲与旅游（钓鱼、航海、观鸟、射击、散步、本地商业），审美价值（警惕重复计算），文化遗产价值。

这种分类法从宏观和微观两个层次把握生态系统的服务功能，有利于全面分析其功能，但由于各功能之间并非完全独立，容易造成重复计算。

发达国家倾向于定义较多的生态系统服务功能，然后对其分别评价；发展中国家定义内容相对较少，更多关注其供给功能和调节功能。但是，通过案例的对比研究发现，完整的生态服务功能的评价并不是必需的，相对价值的评估已能够为决策提供足够的信息。因而，在战略环评中，一般会把生态系统的所有服务功能列出来以辅助决策，但多数情况下只是评价其中比较容易评价和非常重要的生态系统服务功能，其他部分只是简单列出给予参考。例如埃及西部三角洲水源涵养与灌溉恢复工程的规划环评，所考虑的也只是生态系统服务功能的供给功能，但也对最终决策产生了影响，使得原项目实施后，先进行节水工程的建设，再实施灌溉工程，以减少对饮用水河流的生态系统服务功能的影响。

1.3.3.3　评价方法的选择

评价方法的选择是生态系统服务功能评价的重点，也是难点。目前主要用到的方法有价值量评价、物质量评价和社会经济指标评价。价值量评价在发达国家较多被关注，由于其市场经济制度较为完善，对生态系统服务功能进行市场定价数据和基础研究也较为完善，故而较多使用价值量评价，然后对生态系统的费用—效益进行分析；发展中国家市场基础则相对薄弱，对生态系统服务功能定价相对比较困难，同时还特别考虑经济和社会发展的问题，故而一般会倾向选择混合使用价值量评价、物质量评价和社会经济评价，所考虑的除了一般的生态系统服务功能外，还会考虑附属于该生态系统服务功能的就业岗位和主要经济收入人群，以及贫困和公平问题，然后使用决策树模型对各个方面进行综合评价。

1.3.3.4　可选方案的比较

生态服务功能评价的目的在于为方案决策提供信息，而决策的重要依据是方案的实施是否会带来正效益以及如何实现最大化效益，从生态服务功能大小的角度对比可选方案为决策提供了重要依据，成为生态服务功能评价在战略环评中的重点关注对象。例如，在"埃及西部三角洲水源涵养与灌溉恢复工程"的战略环评中，规划的可选方案有三个，分别是只使用地下水（维持现状）、使用地下水和地表水、只使用地表水。在咸海阿姆河三角洲湿地恢复项目的战略评价中，湿地恢复项目设计了三种情景：① 继续增加灌溉，湿地水量下降；② 成功实施恢复项目，湿地恢复；③ 维持现状不变。在英国威尔汉姆海防堤调整规划环评中，设置了五种情景：① 基准情景：维持现状；② 最小干扰：维持目前水平，使海防堤不致溃坝；③ 改进：在海平面上升的假设下适当提高防护标准；④ 恢复自然状态：拆除大多数海防堤，只保留维持不可替代生境所需要的海防堤；⑤ 恢复半自然状态：拆除部分海防堤，只选择性保留部分海防堤以维持部分生境。通过评价不同方案下的生态系统服务功能，为最终的方案选择提供了重要的参考依据。

1.3.4　国内外评价方法优劣性

目前的生态系统服务功能评价方法主要是价值量评价和物质量评价。价值量评价通过市场定价法、揭示偏好法、陈述偏好法等对生态系统服务功能进行定价，然后将各种生态系统服务功能汇总相加，得到以货币表示的价值量。物质量评价则是直接计算生态系统服务功能所提供的物质或服务的量，然后赋予不同物质或服务以相应的权重，最终基于决策树模型进行评价。

1.3.4.1　价值量评价

统一使用货币来表示生态系统服务功能价值，消除了在不同生态系统服务功能之间比较时存在的量纲差异问题，使之可以结合到项目的费用—效益分析中，从项目整体的角度把握决策。同时，基于经济价值的评价方法以货币为评价单位，给人以直接的价值感觉，还能反映人们对于某项生态系统服务功能的支付意愿，有经济学理论的支持。

该方法最大的缺陷在于重复计算的存在，导致对生态系统服务功能的效益与费用的高估。同时，经济价值的计算存在非常大的不确定性，选择不同的方法得到的结果差异较大，导致在进行环境影响评价时的评价结果易受人为操控，科学性与客观性受到质疑。另外，较为科学与全面的评价一般所需要的数据量较大，而当前有关生态的数据与信息不完整，这也阻碍了价值评估在实际中的应用。

1.3.4.2 物质量评价

物质量评价是以生态系统服务功能机制研究为理论基础，能够比较客观恒定地反映生态系统的结构功能及生态过程，进而反映生态系统的可持续性，其评价结果较直观且仅与生态系统自身的健康状况和生态系统提供服务的能力有关。该方法特别适合于同一生态系统不同时段提供服务的能力的比较研究，以及不同生态系统所提供的同一项服务的能力的比较研究，适用于空间尺度较大的区域生态系统或关键的生态系统。

物质量评价法得出的各单项生态系统服务的量纲不同，无法进行加总，所以无法得出某一生态系统的综合生态系统服务的总价值。进而，对不同生态系统服务功能的权重确定成为该方法的重要内容。常用的权重确定方法即层次分析法。

综上所述，价值量评价和物质量评价可以自成体系，既可以单独使用价值量法或单独使用物质量法对生态系统服务功能进行评价，也可以两者同时使用。两者各自都有自己的优缺点。其中共有的一个不足就是对附属于生态系统服务功能存在的价值无法进行评估，如就业岗位、公平问题等，这些评价实质上为生态系统服务功能的延伸服务，此时可以将这些社会指标单列出来，作为生态系统服务功能的补充，进而辅助决策。

生态系统服务功能价值量评价方法在发达国家的规划环评中应用较多，由于其市场经济制度较为完善，对生态系统服务功能进行市场定价数据和基础研究也较为完善，故而较多使用价值量评价，然后对生态系统服务功能的费用—效益进行分析；发展中国家则市场基础相对薄弱，对生态系统服务功能定价相对比较困难，同时还特别考虑经济和社会发展的问题，故而一般会倾向选择混合使用价值量评价、物质量评价和社会经济评价，考虑除了一般的生态系统服务功能外，还会考虑附属于该生态系统服务功能的就业岗位和经济收入人群，以及贫困和公平问题，然后使用决策树模型对各个方面进行综合评价。

1.4 相关领域研究的启示

通过对国内外常用的生态服务功能评价方法进行梳理总结，以及查阅生态服务功能理论在规划环境影响评价中的应用经验，为本书应用于规划环境影响评价中的生态系统服务功能影响评价方法奠定了基础。

　　基于物质量、价值量的生态系统服务功能评价方法是目前最常见的两种方法，但它们各自具有其优势和局限性。首先，物质量评价方法通过指标的选取能够客观恒定地反映生态系统的结构功能及生态过程，评价结果较直观且仅与生态系统自身的健康状况和生态系统提供服务的能力相关，适合于同一生态系统不同时段提供服务的能力的比较研究，或不同生态系统所提供的同一项服务的能力的比较研究，但是由于各单项生态系统服务的量纲不同，各项服务功能评价结果无法进行汇总，不能形成一个生态系统服务功能的总价值。其次，价值量评价方法通过对各项生态系统服务功能进行货币化，有利于得出某一生态系统的各单项服务货币值，但其评价指标和方法尚缺少统一公认的科学体系，评价结果主观因素比较强，存在很大的不确定性。

　　依据以上两种常见评价方法的优劣势分析，形成构建生态系统服务功能影响评价方法的总体思路。物质量和价值量评价方法都能够满足对同一研究对象不同时段提供的生态服务功能的能力的比较，然而，从评价结果可靠性和空间化的角度出发，本书拟以物质量的生态系统服务功能评价方法为基础，基于物质量选择的指标可以落在空间中，使得评价结果能够体现在空间中，便于进行对策调控。针对物质量评价方法中各单项服务功能无法综合的缺陷，本书拟评价出不同情景相对于现状的变化值来解决各单项要素量纲不统一的问题，从而实现各项评价结果之间的汇总综合，而且这种评价不同情景相对于现状的变化情况，能客观反映生态系统服务功能在规划前后不同情景下的变化趋势，满足预测规划对生态系统服务功能影响的要求，实现通过评价结果参与指导决策。

第 2 章
面向生态系统管理的规划环评技术框架

本书开展的基于生态系统服务功能和生态安全格局的规划环评技术研究,是从生态系统服务功能和生态安全格局角度入手,评价规划对生态环境的影响。而生态安全格局与生态系统服务功能有着密切关系,生态系统服务功能重要性评价是构建生态安全格局的核心内容。生态系统服务功能是生态安全的基本保障,生态系统服务的供给能力和保障水平决定着区域生态安全水平,生态系统服务功能的改变将直接影响区域的生态安全状况,只有功能正常、完善的生态系统才是健康的,才能维持人类与社会经济的可持续发展;同时生态系统服务功能供给能力与人类对生态系统服务的利用方式紧密相连,人类通过管理可对生态系统服务功能适当调整。从这个角度来看,生态系统服务功能的利用方式和有效管理直接决定着地区生态安全的水平,通过合理应对生态系统服务功能的直接或间接驱动力和关键因素,可以调控和改善地区的生态安全状况。因此,本书主要从生态系统服务功能的角度,研究规划对生态系统服务功能影响的评价技术。

2.1 生态系统服务功能类型

生态系统提供的服务功能多种多样,国内外很多学者和机构对生态系统服务功能分类作过相关研究,常见的生态系统服务功能分类体系如下:

SCEP（Study of Critical Environmental Problems）(1970)将生态系统的"环境服务功能"分为:害虫控制、昆虫授粉、渔业、气候调节、土壤保持、洪水控制、土壤形成、物质循环、大气组成等。

Costanza 等（1997）将生态系统服务功能分为 17 种,分别为:大气调节、气候调节、干扰调节、水文调节、水源供给、水土流失控制、土壤形成、养分循环、废物处理、授粉、生物控制、灾害规避、粮食生产、原料供给、遗传资源、休闲娱乐、文化功能。

Daily 等（1997）将生态系统服务功能分为 14 种,分别为:空气和水的净化、旱灾和洪灾的减轻、土壤的生产和保育、废物的解毒和降解、自然植被和农作物的授粉、种子的散布、养分的迁移和循环、农业害虫的控制、生物多样性的维持、海岸侵蚀的防护、紫外线防护、气候的稳定、极端天气及其影响的调节、审美。

De Groot 等（2002）将生态系统功能分为 4 种，分别为：调节功能，通过生化循环和生物圈过程调节自然和半自然生态系统的生态过程和生命支持系统，如净化空气、水、土壤等；栖息地功能，为野生动植物提供避难和繁殖的栖息地，进而维持生物多样性；生产功能，通过植物的光合作用和养分吸收制造碳水化合物，进而直接或间接地提供食物、原材料、能源、遗传物质等；信息功能，由于大多数人类进化发生在野生栖息地，自然生态系统提供了一个重要的"参考功能"，并通过提供食物、精神支持等对人类健康作出贡献。

千年生态系统评估（2005）将生态系统服务功能分为 4 个类别，分别为：支持功能，包含养分循环、土壤形成、初级生产等；供给功能，包含食物、淡水、木材和纤维、燃料等；调节功能，包含调节气候、调节洪水、调控疾病、净化水质等；文化功能，包含美学价值、精神价值、教育功能、消遣功能等。

环境保护部颁布的《全国生态功能区划》中，在全国生态调查的基础上，根据我国生态环境主要特征，明确我国主要生态服务功能除产品提供和人居保障外，生态调节功能主要包括水源涵养、土壤保持、防风固沙、生物多样性保护、洪水调蓄等维持生态平衡、保障全国或区域生态安全等方面功能。

基于以上研究，对生态系统服务功能的分类参照《全国生态功能区划》中的生态调节功能分类。其中的洪水调蓄功能主要考虑我国一级、二级河流下游蓄洪区，主要分布在淮河、长江、松花江中下游蓄洪区及其大型湖泊等。因此，本书明确需要评价的主要服务功能包括水源涵养、土壤保持、防风固沙、生物多样性保护、洪水调蓄五大类。

2.2　生态系统服务功能影响判定依据

1）国家、地方和行业已颁布的与资源环境保护等相关的法规、政策、标准、规划和区划等确定的目标、措施与要求。

2）科学研究判定的生态效应或规划实际的生态监测、模拟结果。

3）规划所在地区及相似区域生态背景值或本底值。

4）已有性质、规模以及区域生态敏感性相似项目的实际生态影响类比。

5）相关领域专家、管理部门及公众的咨询意见。

2.3 生态系统服务功能的尺度效应

生态系统过程和服务功能只有在特定的时空尺度上才能体现、表达其主导作用和效果，也就是说，生态系统过程和服务功能常常具有一个特征尺度，即典型的空间范围和持续时段（千年生态系统评估，2005）。在不同的尺度，生态系统体现出来的服务功能侧重点不同。在局域尺度上，森林生态系统服务功能主要体现在木材生产方面，草地生态系统服务功能主要体现在畜牧养殖的食物供给方面；而在区域尺度上，森林生态系统的服务功能则体现在涵养水源、调节气候、防洪减灾等方面，草地生态系统的服务功能体现在涵养水源、水土保持、防风固沙、生物多样性保护等方面。

若当地居民对局域尺度生态系统服务功能过度开发，则会导致区域尺度功能的丧失或退化。如对中国西部草原提供食物的功能过度利用，会使草原固沙功能退化，导致草原沙化，加剧中国华北地区的沙尘暴。在一个流域内，流域上游是水源涵养区与水源形成区，为流域提供了重要的生态系统服务功能，若过度追求上游地区的经济发展，会使水源涵养、调节气候等重要生态服务功能退化，甚至丧失为中下游地区提供的生态屏障。因此，进行规划生态影响评价时，应考虑在不同尺度上生态系统服务功能表现的差异，生态系统产品提供功能通常与当地居民的利益关系更密切，调节功能和支持功能则对区域、全国乃至全球尺度人类的利益起着至关重要的作用，不能为了追求当地的经济社会发展而牺牲生态系统区域尺度的功能。

生态系统的变化对不同尺度空间的影响也是不同的，某一局地生态系统的变化对地方某些福利的影响可能较小，但在较大的空间尺度上，该变化将产生重要的影响。比如局地的森林砍伐对当地的水源影响可能较小，但从区域尺度看，影响了森林生态系统的水源涵养功能。因此，对生态系统服务功能评估的尺度必须适合相应的生态系统及其服务功能，在识别和评价研究范围内主要生态服务功能时，不能仅局限于局地范围，应从更大的区域尺度来全面衡量生态系统提供的各项服务功能，尤其是水源涵养、土壤保持、防风固沙、生物多样性保护等调节功能，确保规划对当地经济社会可持续发展发挥指导作用。

2.4 生态系统管理要点

生态系统管理（Ecosystem Management）要求考虑总体环境过程，利用生态学、社会学和管理学原理来管理生态系统的生产、恢复或维持生态系统整体性和长期的功益和价值；它将人类需求、社会需求、经济需求整合到生态系统中（美国内务部和土地管理局，1993）。通过把所有生态系统管理起来，生态系统给人类提供产品和服务的功能是可以持续维持的，而管理必须要有科学的依据和良好的管理制度和措施，并在管理过程中逐步完善。

生态系统管理的原则应包括：整体性原则、动态性原则、再生性原则、循环利用原则、平衡性原则、多样性原则等。

生态系统管理的要素包括：确定明确的、可操作性的目标；确定生态系统管理边界和单位，尤其是确定等级系统结构；收集一定量的数据，理解生态系统的复杂性和相互作用，提出合理的生态模式；监测并识别生态系统内容的动态特征，确定生态学限制因子；注意尺度效应，熟悉可忽略性和不确定性，进行适应性管理；确定影响管理活动的规划、政策、法律、法规等；选择合适的生态系统管理技术；分析和整合生态、经济和社会信息，强调部门和个人间的合作。

生态系统管理要保证生态系统和生境的资源和功能的可持续性，基于生态系统服务影响评价结果，从缓解和改善区域生态压力、维持生态产品供给稳定、发挥区域生态调节功能等角度出发，提出规划实施应配套的生态系统管理政策，最大限度地减缓规划实施对区域生态系统服务功能的影响。

2.5　生态系统服务功能评价框架

围绕研究目标及几项关键技术，构建基于生态系统服务功能的规划环境影响评价技术框架，以期最终形成相应的技术规程。在规划生态系统服务功能的影响评价时，主要围绕生态系统服务功能识别、规划对生态系统服务功能的影响评价、生态系统管理对策与建议三部分展开，见图 2-1。

2.5.1　规划环评中生态系统服务功能识别

通过分析区域背景，确定评价范围，调查规划区域生态系统现状特征，识别规划区域主导生态系统服务功能，分析规划的尺度特征，明确受规划影响的主要生态服务功能，为下一步的生态系统服务功能评价奠定基础。这对于决策及环境管理目标是至关重要的，如果不能有效识别影响因子，之后的评价结果将不能满足管理的需要，那么对于决策来说就会毫无意义。

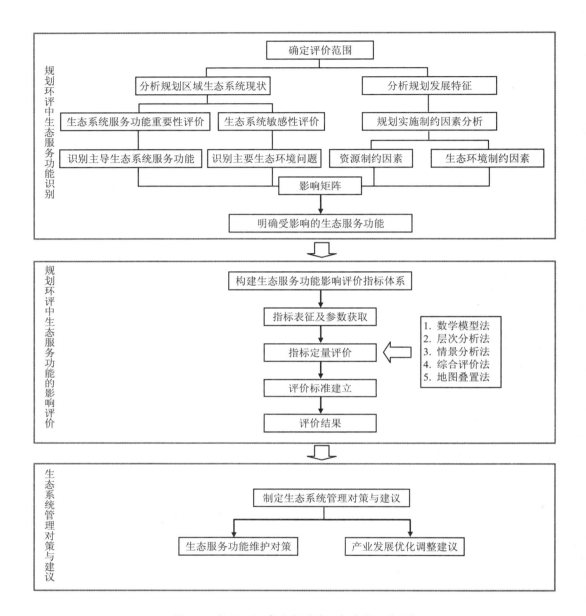

图 2-1 规划环评中生态系统服务功能评价框架

2.5.1.1 确定评价范围

评价范围的界定直接关系到评价尺度的选择，确定评价范围时不仅要考虑地域因素，还要考虑法律、行政权限、减缓或补偿要求、公众和相关团体意见等限制因素。生态系统服务功能影响评价应能够充分体现生态完整性，涵盖规划全部活动的直接影响区域和间接影响区域。

　　确定规划的生态系统服务功能影响评价的地域范围需要考虑两个因素：一是地域的现有地理属性（如流域、盆地、山脉等），自然资源特征（如森林、草原、湿地等），或人为边界（如公路、铁路或运河）；二是已有的管理边界（如行政区等）。

2.5.1.2　分析规划区域生态系统现状

　　收集包括森林、草地、湿地、荒漠、农田、海洋等生态系统的特征资料，包括植被整个生长季归一化植被指数（NDVI）、植被覆盖度、土壤理化性质、土壤有机质、土壤侵蚀程度、土地利用、物种多样性等。收集气候、地理、地质等自然环境特征资料，包括降水、蒸发量、温度、湿度、风速、风向、极端气候条件（如静风、台风、暴雨等）、地形地貌、地表水和地下水等资料。

　　开展规划区域生态系统服务功能重要性评价，识别区域主导生态系统服务功能，如水源涵养、水土保持、防风固沙、生物多样性保护、洪水调蓄等。区域生态系统包括森林生态系统、草原生态系统、湿地生态系统、荒漠生态系统、农田生态系统、城市生态系统、流域生态系统、海洋生态系统等。可依据区域内土地利用现状识别生态系统类型，不同的生态系统在区域中的地位、所提供的生态系统服务功能及遭遇风险时的抵御能力是不同的。

　　开展生态系统敏感性评价，结合区域生态环境本底情况，判断出规划区域的主要生态环境问题，特别是那些由人类活动导致的，如环境污染、盐渍化、沙漠化、水土流失等。

2.5.1.3　分析规划发展特征

　　需了解规划的性质、规模或范围、规划时限等信息。人口及地区社会经济发展现状数据主要来源于规划报告。需对区域战略规划中重点产业的布局和规模及今后发展的速率进行充分了解。对与之相关的生态胁迫、干扰来源（胁迫因子）予以解释，如重点产业发展对区域资源的需求。根据规划发展特征，分析直接或间接的资源、生态环境制约因素。

2.5.1.4　明确受影响的生态服务功能

　　识别出规划区域主导生态服务功能后，与规划发展伴随的资源、生态环境制约因素进行耦合分析，筛选出哪些生态系统服务功能（如水源涵养、水土保持、防风固沙、生物多样性保护等）已经遭到破坏和影响，进而明确受规划影响的主要生态系统服务功能。

2.5.2 规划环评中生态系统服务功能的影响评价

2.5.2.1 建立评价指标体系

以上识别的受影响的主要生态系统服务功能作为主要的评价因子，综合考虑评价区域的社会、经济特征，也可将这些因子作为辅助的评价因子，建立能够全面反映生态系统服务功能的评价指标。

2.5.2.2 评价模型和方法

考虑到选用区域景观尺度，以及将评价结果体现到空间中，采用 GIS 空间分析法，以土地利用变化为评价分析的切入点，同时配合数学模型法、层次分析法等方法，构建本书的生态系统服务功能评价方法体系。

根据主要调节功能的物质量评价模型，可以分别得出水源涵养量、土壤保持量、防风固沙量、生物多样性指数等，应用 GIS 空间分析法，确定合理的评价单元，通过以上主要评价指标的动态变化表征生态环境的状态，反映规划对生态系统服务功能的影响。

2.5.2.3 评价结果的不确定性分析

评价过程中由于数据、指标、模型、评价标准等原因，将导致评价结果存在误差。评价中的不确定性是无法避免的，但应最小化评价误差，有效衡量区域生态系统服务功能受到的影响，提高环境管理决策的准确性。应具体研究识别不确定性的来源，对不同来源的不确定性可能导致的精度损失进行定性分析，探讨哪些不确定性不能避免，哪些可通过其他方法降低。

2.5.3 生态系统管理对策与建议

参考生态系统服务功能评价结果，即不同情景下生态系统服务功能的变化情况，依据适当的法规条例，确定可接受的影响变化和不可接受的影响变化，同时进行政策分析及考虑社会经济和政治因素，决定适当的管理措施并付诸实施，以降低对生态系统服务的负面影响或维持、提升当地生态系统服务功能，确保生态系统健康安全。

在制定生态系统管理对策时，应按照避让、减缓、补偿和重建的次序提出生态系统服务影响防护与恢复的措施，采取措施的效果应有效维护和修复区域生态系统服务功能。凡涉及不可替代、极具价值、极敏感、被破坏后很难恢复的敏感生态保护目标（如特殊生态敏感区、珍稀濒危物种）时，必须提出可靠的避让措施或生境替代方案。涉及采取措施后可恢复或修复的生态目标时，也应尽可能提出避让措施，否则应制定恢复、修复或补偿措施。

2.6　面向生态系统管理的规划环评工作程序

在基于生态系统服务功能影响评价框架的基础上，构建面向生态系统管理的规划环评工作程序，如图 2-2 所示。

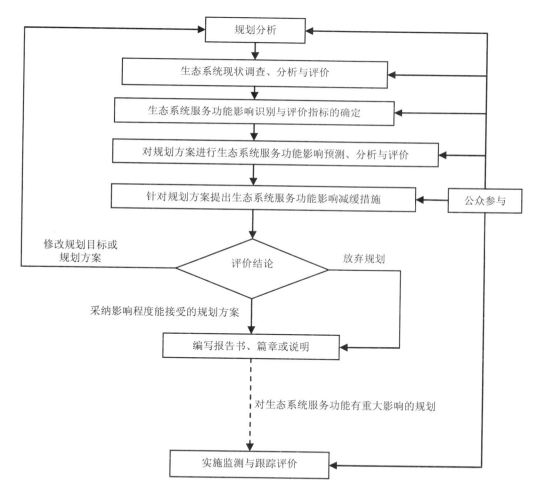

图 2-2　基于生态系统服务功能的规划环评工作程序

1）规划分析，包括分析拟议的规划目标、指标、规划方案与相关的其他发展规划、环境保护规划的关系。

2）生态系统现状调查、分析与评价，包括调查、分析生态系统现状和历史演变，识别敏感的生态环境问题以及制约拟议规划的主要因素。

3）生态系统服务功能影响识别与评价指标的确定，包括识别规划目标、指标、方案（包括替代方案）的主要环境问题和生态系统服务功能影响，按照有关的环境保护政策、法规和标准拟定或确认环境目标，选择量化和非量化的评价指标。

4）生态系统服务功能影响预测分析与评价，包括评价不同规划方案（包括替代方案）对生态系统服务功能的影响。

5）针对各规划方案（包括替代方案），拟定生态系统管理对策与建议，确定影响程度能接受的推荐规划方案。

6）开展公众参与，完善生态系统现状评价、生态系统服务功能影响评价、生态系统服务功能影响减缓措施。

7）拟定监测、跟踪评价计划。

8）编写基于生态系统服务的规划环境影响评价文件（报告书、篇章或说明）。

第3章
区域生态系统现状评价

3.1 识别规划区域中的主要生态系统类型

区域生态系统包括森林生态系统、草原生态系统、湿地生态系统、荒漠生态系统、农田生态系统、城市生态系统等。应开展生态系统现状调查，以识别区域内主要生态系统类型及其特征。生态系统现状调查的内容主要包括以下几个方面：

1）调查区域内主要的生态系统类型及其特征，收集包括森林、草地、湿地、荒漠、农田、海洋、河流等生态系统的特征资料，包括植被整个生长季归一化植被指数（NDVI）、植被覆盖度、土壤理化性质、土壤有机质、土壤侵蚀程度、土地利用、物种多样性等，以及相关的非生物因子特征，如气候、土壤、地形地貌、水文及地质等。

2）生态环境质量演变趋势分析，包括生态环境质量历史演变趋势及未来变化趋势，重点是明确在既有的社会经济发展模式下，区域生态环境的未来变化趋势。

3）调查区域内的主要生态敏感区（点），包括特殊生境及特有物种、自然保护区、湿地、生态退化区、特有人文和自然景观以及其他自然生态敏感点等，确定评价范围内对被评价规划反应敏感的地域及生态脆弱带，并说明其类型、等级、分布、保护对象、功能区划、保护要求等。

4）调查制约区域可持续发展的主要生态问题，如水土流失、沙漠化、石漠化、盐渍化、自然灾害、生物入侵和污染危害等，明确其发生特点及空间分布。结合社会经济背景分析，确定当前主要生态环境问题产生的主要原因。

3.2 识别主要生态系统服务功能类型

不同生态系统所提供的生态系统服务功能及遭遇风险时的抵御能力是不同的，建议采取基于物质量的生态系统服务功能评价方法，对规划区域内水源涵养、土壤保持、防风固沙、生物多样性保护、洪水调蓄等功能进行重要性评价，根据评价结果确定区域内的主要生态服务功能类型。生态系统服务重要性评价方法详细如下。

3.2.1　水源涵养

区域生态系统水源涵养的生态重要性在于整个区域对评价地区水资源的依赖程度及洪水调节作用。因此，可以根据评价地区所处的地理位置，以及对整个流域水资源的贡献进行评价。评价指标与分级标准见表3-1。

表 3-1　生态系统水源涵养重要性分级

类型	干旱	半干旱	半湿润	湿润
城市水源地	极重要	极重要	极重要	极重要
农灌取水区	极重要	极重要	中等重要	不重要
洪水调蓄地	不重要	不重要	中等重要	极重要

3.2.2　防风固沙

在评价沙漠化敏感程度的基础上，通过分析该地区沙漠化所造成的可能生态环境后果与影响范围，主要通过该区域沙漠化影响人口数量来评价对该区域沙漠化控制的重要性。评价指标与分级标准见表3-2。

表 3-2　沙漠化控制评价及分级指标

直接影响人口	重要性等级
＞2 000 人	极重要
500～2 000 人	中等重要
100～500 人	比较重要
＜100 人	不重要

3.2.3　土壤保持

土壤保持重要性评价要在考虑土壤侵蚀敏感性的基础上，分析其可能造成的对下游河床和水资源的危害程度，评价指标与分级标准见表3-3。

表 3-3　土壤保持重要性分级指标

土壤保持敏感性	不敏感	轻度敏感	中度敏感	高度敏感	极敏感
1～2 级河流及大中城市主要水源水体	不重要	中等重要	极重要	极重要	极重要
3 级河流及小城市水源水体	不重要	较重要	中等重要	中等重要	极重要
4～5 级河流	不重要	不重要	较重要	中等重要	中等重要

3.2.4　生物多样性保护

主要是评价区域内各地区对生物多样性保护的重要性。重点评价生态系统与物种保护的重要性。优先保护生态系统与物种保护的热点地区均可作为生物多样性保护具有重要作用的地区，具体评价方法如下。

3.2.4.1　优先保护生态系统评价

（1）优势生态系统类型

生态区的优势生态系统往往是该地区气候、地理与土壤特征的综合反映，体现了植被与动植物物种地带性分布特点。对能满足该准则的生态系统的保护能有效保护其生态过程与构成生态系统的物种组成。

（2）反映特殊的气候地理与土壤特征的特殊生态系统类型

一定地区生态系统类型是在该地区的气候、地理与土壤等多种自然条件的长期综合影响下形成的。相应地，特定生态系统类型通常能反映地区的非地带性气候地理特征，体现非地带性植被分布与动植物的分布，为动植物提供栖息地。

（3）只在中国分布的特有生态系统类型

由于特殊的气候地理环境与地质过程，以及生态演替，中国发育与保存了一些特有的生态系统类型。而在全球生物多样性的保护中具有特殊的价值。

（4）物种丰富度高的生态系统类型

指生态系统构成复杂，物种较丰富的生态系统，这类生态系统在物种多样性的保护中具有特殊的意义。

（5）特殊生境

为特殊物种，尤其是珍稀濒危物种提供特定栖息地的生态系统，如湿地生态系统等，从而在生物多样性的保护中具有重要的价值。

3.2.4.2　物种保护重要地区评价

地区生物多样性保护重要性评价可以参照表 3-4。

也可以根据重要保护物种地分布，即评价地区国家与省级保护对象的数量来评价生物多样性保护重要地区，见表 3-5。

表 3-4　地区生物多样性保护重要性评价

生态系统或物种占全省物种数量比率	重要性
优先生态系统或物种数量比率＞30%	极重要
物种数量比率 15%～30%	中等重要
物种数量比率 5%～15%	比较重要
物种数量比率＜5%	不重要

表 3-5　地区生物多样性保护重要性评价

国家与省级保护物种	重要性
国家一级	极重要
国家二级	中等重要

3.2.5　洪水调蓄

提供洪水调蓄功能的生态系统包括湿地、湖库、河流等生态系统，涉及我国一级、二级河流下游蓄洪区（主要分布在淮河、长江、松花江中下游蓄洪区及其大型湖泊）的规划应考虑洪水调蓄功能。

3.2.6　生态系统服务功能综合评价

区域生态系统服务功能的综合评价，就是综合考虑不同区域生态系统类型的生物多样性保护功能、水源涵养功能、土壤保持功能、防风固沙功能、洪水调蓄功能等各项要素，将区域生态系统服务功能划分为不同的重要等级，确定区域主要的生态系统服务功能。

3.3　识别区域生态系统敏感性

区域生态系统敏感程度是该生态系统对人类活动反应敏感程度的综合表现，因此研究者需要对多种影响因素进行综合分析。根据《生态功能区划暂行规程》，生态系统敏感性评价应首先针对特定生态环境问题进行评价，然后对多种生态环境问题的敏感性进行综合分析，明确区域生态环境敏感性的分布特征。研究确定对土壤侵蚀、酸雨、石漠化、生境等要素进行敏感性评价，根据评价结果确定区域内生态系统敏感性的空间分布。生态系统敏感性评价方法详细如下。

3.3.1　土壤侵蚀敏感性

土壤侵蚀敏感性评价是为了识别容易形成土壤侵蚀的区域，评价土壤侵蚀对人类活动的敏感程度。运用通用水土流失方程（USLE）进行评价，包括降水侵蚀力（R）、土壤质地因子（K）和坡度坡向因子（LS）与地表覆盖因子（C）四个方面的因素。

表 3-6　土壤侵蚀敏感性影响的分级

分级	不敏感	轻度敏感	中度敏感	高度敏感	极敏感
R 值	<25	25～100	100～400	400～600	>600
土壤质地	石砾、砂	粗砂土、细砂土、黏土	面砂土、壤土	砂壤土、粉黏土、壤黏土	砂粉土、粉土
地形起伏度/m	0～20	21～50	51～100	101～300	>300
植被	水体、草本沼泽、稻田	阔叶林、针叶林、草甸、灌丛和萌生矮林	稀疏灌木草原、一年二熟粮作、一年水旱两熟	荒漠、一年一熟粮作	无植被
分级赋值（C）	1	3	5	7	9
分级标准（SS）	1.0～2.0	2.1～4.0	4.1～6.0	6.1～8.0	>8.0

土壤侵蚀敏感性加权指数计算方法：由于在不同区域降水、地貌、土壤质地与植被对土壤侵蚀的作用不同，可以运用加权方法来反映不同因素的作用差异。

$$SS_j = \sum_{i=1}^{4} C_i W_{ij} \tag{3-1}$$

式中：SS_j——j 空间单元土壤侵蚀敏感性指数；

　　　C_i——i 因素敏感性等级值；

　　　W_{ij}——影响土壤侵蚀性因子的权重。

表 3-7　各因素权重确定专家调查

指标	对土壤侵蚀的相对重要性
降水	X_1
地貌	X_2
土壤质地	X_3
植被	X_4

注：X_i 为影响因子 i 对土壤侵蚀的相对重要性，可通过专家调查法得到。

表 3-7 中，X_i 为因子 i 对土壤侵蚀的重要值，当因子 i 对土壤侵蚀重要性为比较重要时，X_i 为 1；当因子 i 对土壤侵蚀重要性为明显重要时，X_i 为 3；当因子 i 对土壤侵蚀重要性为绝对重要时，X_i 为 5。

3.3.2 酸雨敏感性

生态系统对酸雨的敏感性，是指整个生态系统对酸雨的反应程度，即生态系统对酸雨间接影响的相对敏感性。酸雨的间接影响使生态系统的结构和功能改变的相对难易程度，它主要依赖于与生态系统的结构和功能变化有关的土壤物理化学特性，与地区的气候、土壤、母质、植被及土地利用方式等自然条件都有关系。生态系统的敏感性特征可由生态系统的气候特性、土壤特性、地质特性以及植被与土地利用特性来综合描述。

区域酸雨敏感性评价等级指标采用原国家环境保护总局推荐的周修萍建立的等权指标体系，该体系反映了亚热带生态系统的特点，对我国酸雨区基本适用。

表 3-8　生态系统对酸沉降的相对敏感性分级指标

因子	贡献率	等级	权重
岩石类型	1	Ⅰ A 组岩石	1
		Ⅱ B 组岩石	0
土壤类型	1	Ⅰ A 组土壤	1
		Ⅱ B 组土壤	0
植被与土地利用	2	Ⅰ 针叶林	1
		Ⅱ 灌丛、草地、阔叶林、山地植被	0.5
		Ⅲ 农耕地	0
水分盈亏量 （P-PE）	2	Ⅰ ＞600 mm/a	1
		Ⅱ 300~600 mm/a	0.5
		Ⅲ ＜300 mm/a	0

注：① P 为降水量，PE 为最大可蒸发量。
② A 组岩石：花岗岩、正长岩、花岗片麻岩（及其变质岩）和其他硅质岩、粗砂岩、正石英砾岩、去钙砂岩、某些第四纪砂/漂积物；B 组岩石：砂岩、页岩、碎屑岩、高度变质长英岩到中性火成岩、不含游离碳酸盐的钙硅片麻岩、含游离碳酸盐的沉积岩、煤系、弱钙质岩、轻度中性盐到超基性火山岩、玻璃体火山岩、基性和超基性岩石、石灰砂岩、多数湖相漂积沉积物、泥石岩、灰泥岩、含大量化石的沉积物（及其同质变质地层）、石灰岩、白云石。
③ A 组土壤：砖红壤、褐色砖红壤、黄棕壤（黄褐土）、暗棕壤、暗色草甸土、红壤、黄壤、黄红壤、褐红壤、棕红壤；B 组土壤：褐土、棕壤、草甸土、灰色草甸土、棕色针叶林土、沼泽土、白浆土、黑钙土、黑色土灰土、栗钙土、淡栗钙土、暗栗钙土、草甸碱土、棕钙土、灰钙土、淡棕钙土、灰漠土、灰棕漠土、棕漠土、草甸盐土、沼泽盐土、干旱盐土、砂姜黑土、草甸黑土。

表 3-9　敏感性等级分类（等权体系）

敏感性指数	0～1	2～3	4	5	6
敏感性等级	不敏感	较不敏感	中等敏感	敏感	极敏感

3.3.3　沙漠化敏感性

可以用湿润指数、土壤质地及起沙风的天数等来评价区域沙漠化敏感性程度，具体指标与分级标准见表 3-10。

表 3-10　沙漠化敏感性分级指标

敏感性指标	不敏感	轻度敏感	中度敏感	高度敏感	极敏感
湿润指数	＞0.65	0.5～0.65	0.2～0.5	0.05～0.2	＜0.05
冬春季大于 6 m/s 大风天数	＜15	15～30	30～45	45～60	＞60
土壤质地	基岩	黏质	砾质	壤质	砂质
植被覆盖（冬春）	茂密	适中	较少	稀疏	裸地
分级赋值（D）	1	3	5	7	9
分级标准（DS）	1.0～2.0	2.1～4.0	4.1～6.0	6.1～8.0	＞8.0

沙漠化敏感性指数计算方法如下：

$$DS_j = \sqrt[4]{\prod_{i=1}^{4} D_i} \qquad (3\text{-}2)$$

式中：DS_j——j 空间单元沙漠化敏感性指数；

　　　D_i——i 因素敏感性等级值。

3.3.4　盐渍化敏感性

土壤盐渍化敏感性是指旱地灌溉土壤发生盐渍化的可能性。可根据地下水位来划分敏感区域，再采用蒸发量、降雨量、地下水矿化度与地形等因素划分敏感性等级。在盐渍化敏感性评价中，首先应用地下水临界深度（即在一年中蒸发最强烈季节不致引起土壤表层开始积盐的最浅地下水埋藏深度）划分敏感地区与不敏感地区（表 3-11），再运用蒸发量、降雨量、地下水矿化度与地形指标划分等级。具体指标与分级标准见表 3-12。

表 3-11 临界水位深度

地区	轻砂壤	轻砂壤夹黏质	黏质
黄淮海平原	1.8～2.4 m	1.5～1.8 m	1.0～1.5 m
东北地区	2.0 m		
陕晋黄土高原	2.5～3.0 m		
河套地区	2.0～3.0 m		
干旱荒漠区	4.0～4.5 m		

表 3-12 盐渍化敏感性评价

敏感性要素	不敏感	轻度敏感	中度敏感	高度敏感	极敏感
蒸发量/降雨量	<1	1～3	3～10	10～15	>15
地下水矿化度/（g/L）	<1	1～5	5～10	10～25	>25
地形	山区	洪积平原、三角洲	泛滥冲积平原	河谷平原	滨海低平原、闭流盆地
分级赋值（S）	1	3	5	7	9
分级标准（YS）	1.0～2.0	2.1～4.0	4.1～6.0	6.1～8.0	>8.0

盐渍化敏感性指数计算方法：

$$YS_j = \sqrt[4]{\prod_{i=1}^{4} S_i} \qquad (3\text{-}3)$$

式中：YS_j——j 空间单元土壤盐渍化敏感性指数；

S_i——i 因素敏感性等级值。

3.3.5 石漠化敏感性

石漠化敏感性主要根据其是否为喀斯特地形及其坡度与植被覆盖度来确定。

表 3-13 石漠化敏感性评价指标

敏感性	不敏感	轻度敏感	中度敏感	高度敏感	极敏感
喀斯特地形	不是	是	是	是	是
坡度/（°）	—	<15	15～25	25～35	>35
植被覆盖/%	—	>70	50～70	20～50	<20

注："—"表示无数据。

3.3.6 生境敏感性

生境敏感性评价主要分析野生动植物生境受人类活动影响的敏感程度，主要通过生境物种的丰富度，即区域内国家与省级保护动物的数量来评价生境的敏感性。

由于难以获取直接的物种丰富度指标，选择利用评价区域的国家与省级保护物种的丰富程度及其分布、土地利用状况和生态环境类型来评价区域生境敏感性。

表 3-14　生境敏感性分级标准

生境敏感性分级	评价指标	分级赋值
极敏感	有国家级、自治区级保护物种；原始林地	9
高度敏感	有林地	7
中度敏感	无保护物种；灌木林地，疏林地	5
轻度敏感	无保护物种；园地、草地	3
不敏感	无保护物种；裸岩石砾地、裸土地、耕地、居民点用地	1

采用区域自然保护区分布图、保护物种分布情况图、土地利用现状图和植被类型图，综合评价物种及其生境情况。

3.3.7 生态系统敏感性综合评价

区域生态系统敏感性综合评价，就是综合考虑不同区域土壤侵蚀、酸雨、沙漠化、盐渍化、石漠化、生境等各要素敏感性，将区域生态系统敏感性划分为不同的等级，确定区域生态系统敏感性空间分布。

3.4　规划环评中生态系统服务功能影响识别

生态系统服务功能影响识别是评价的基础，决定了评价过程的完整性与准确性。生态系统提供的服务不仅包括产品供给，还包括水源涵养、防风固沙、生物多样性保护、气候调节等调节服务。在规划环评的生态系统服务影响评价中，如果仅考虑产品供给服务，忽略调节服务和支持服务，会导致评价结果过小，难以全面反映生态系统服务价值，甚至导致评价结果误导决策。

3.4.1　资源与生态环境制约因素分析

结合区域生态系统现状评价中的生态服务功能重要性评价和生态系统敏感性评价结果，分别从生态敏感区和环境要素两个方面，分析规划实施的资源与生态环境制约因素。

（1）资源制约因素分析

从土地资源、水资源、矿产资源、景观资源等方面，分析资源条件对规划实施的制约程度，分析规划实施是否会受水资源、土地资源、矿产资源的限制，是否会破坏原有地貌，影响周边景观资源的协调性。

（2）生态环境制约因素分析

在对规划的目标、布局、规划重点建设项目等深入分析的基础上，结合区域生态系统现状评价，识别出规划涉及的主要生态敏感区域、主要功能及保护要求。分析规划建设内容与生态敏感区域的关系，分析规划建设内容的空间布局是否与生态敏感区域相重叠。生态敏感区域不仅包括自然保护区、风景名胜区、森林公园、饮用水水源保护区、基本农田保护区等，还包括生态系统敏感性评价结果得到的水土流失高敏感区、沙漠化高敏感区、盐渍化高敏感区等。

3.4.2　构建生态系统服务功能影响矩阵

结合识别出的区域主要生态系统服务功能类型，依据表征生态系统服务功能的各项指标，分析规划实施前后有变化的指标来表征受影响的主要生态系统服务功能，构建生态影响矩阵，识别出受规划影响的主要生态系统服务功能。生态系统服务功能影响识别路径见表 3-15。

表 3-15　生态系统服务功能影响识别路径

规划行为	生态环境影响特点	受影响的指标	受影响的生态服务功能
矿产资源开采	露天开发破坏地形、地貌，占用山林土地，地表植被严重破坏，遇风化及降雨易导致水土流失等问题。土地利用类型变化，农业用地、林地、草地、未利用地等转化为工业用地、交通道路用地等	植被盖度	土壤保持
			水源涵养
			防风固沙
		土壤厚度、有机质含量	土壤保持
			防风固沙
			水源涵养
		生物栖息地	生物多样性保护
交通道路建设	改变地表景观，破坏地表植被，对水源地、风景名胜区等生态敏感区域可能造成影响。占用土地造成区域土地利用类型变化	植被盖度	土壤保持
			水源涵养
			防风固沙
		生物栖息地	生物多样性保护

规划行为	生态环境影响特点	受影响的指标	受影响的生态服务功能
港口建设	改变占用海域内原有的海洋生态环境,对海洋生物有扰动,改变占用陆域内原有植被覆盖特征、土地景观格局,对滨海湿地等生态敏感区有影响,溢油风险事故可能直接影响生态环境	海洋生境	生物多样性保护
		湿地面积、蓄水深度	水源涵养
旅游规划	动植物生境受到破坏,对区域周边生态敏感区域有影响,土地利用格局发生变化	生物栖息地	生物多样性保护
城市发展规划	产业结构、布局、发展趋势,对生态敏感区域产生有影响,土地利用格局发展变化	生物栖息地	生物多样性保护
		植被盖度	土壤保持
			水源涵养
			防风固沙
……	……	……	……

　　影响识别采用矩阵法,全面分析规划方案可能产生的影响方式、途径和强度等级。矩阵的纵轴列出了对环境有影响的各种人类活动,包括工业用地扩张、城镇建设用地扩张、矿产资源开发、农业坡耕地、污染物排放、产业结构及布局、基础设施建设等;横轴列出所有可能受人类活动影响的生态服务功能因子,矩阵中的每个元素表示影响的程度,有利影响用"＋"表示,不利或负面影响用"－"表示,利用专家打分法确定每个元素影响的权重。分析人类社会经济活动的空间布局和主要生态影响,揭示影响生态系统结构和功能的各类影响因子及驱动力,识别生态系统影响关键指标。

　　引起生态系统服务功能变化的影响要素按照性质分为两种:一种是自然因素,包括降水量、平均风速、太阳辐射强度、日照时数、坡长和坡度等;另一种是人为因素,包括人口增长、工业用地扩张、城镇建设用地扩张、矿产资源开发、农业坡耕地、旅游压力、土地利用变化、污染物排放等。因自然因素不可人为控制,且一般情况下不因规划实施而短期内发生改变,故在构建生态功能影响矩阵时,主要考虑影响生态系统服务功能的人为因素。

第4章
规划环评中生态系统服务功能影响指标体系

4.1　指标体系建立的原则

　　构建科学的评价指标体系是评价过程的关键环节。目前生态系统服务功能的评估方法包括数学模型法等多种方法，很多评价采用压力—状态—响应（Pressure-State-Response，PSR）框架来构建评价指标体系。从现有的生态系统服务功能的评价研究来看，评价指标体系的构建存在以下三方面问题：一是评价指标刻度偏向人类价值和社会需求，没有将人类活动置于自然生态系统本质特征的基础上进行评价；二是指标选取以全面为主，涵盖社会、经济、自然环境等各方面，未能重点体现研究区域的生态特征；三是与 GIS、RS 技术的结合不够紧密，强调计算区域整体的综合评价因子，缺少空间上的体现，难以直接应用到实际的管理中。

　　我国生态系统脆弱、区域差异悬殊、生态服务功能趋于退化，从国家、区域、流域等大尺度角度出发，规划环境影响评价要以维护生态系统结构稳定和生态服务功能持续发挥为基础，综合评价规划对生态系统安全的各种影响。规划实施前后对生态系统功能的影响评估关键是要建立关键指标衡量规划区域的主要生态服务功能的供给能力和保障水平，较好地揭示人类社会对区域生态环境的影响。本书在构建区域尺度规划环境影响评价的生态系统服务功能评价指标时遵循以下几点原则：

　　1）能够充分体现生态系统主导服务功能。自然或人类干扰对生态系统造成的破坏，实质是导致生态系统不能正常发挥其应有的生态服务功能，故评价指标应该选择能够反映生态系统服务功能的因子。

　　2）能够充分体现人类对生态环境的干扰，有利于指导人类改善生态环境行为。当前情况下虽然很多生态退化是自然原因引起的，但绝大多数生态问题是由于人类对自然生态环境的不适当干扰造成的，选择对人类干扰比较敏感的评价因子，如植被、水体变化等。

3）具有科学性及可操作性。所选指标容易通过调查、统计、遥感等手段获得，易于定量计算且落实到空间中，各指标之间不可替代，能够反映生态系统的主要生态性状和本质特征。

4.2 指标筛选的依据

在全面总结国内外相关领域研究进展的基础上，基于物质量的生态系统服务功能评价方法能够给本书生态系统服务功能影响评价指标选取提供依据。对水源涵养、土壤保持、防风固沙、生物多样性保护、洪水调蓄共五类生态调节功能，从物质量的角度进行生态系统服务功能评价，具体评价方法参见 1.2.3.1。

4.3 指标框架设计

环境保护部发布的《全国生态功能区划》确定了水源涵养、土壤保持、防风固沙、生物多样性保护、洪水调蓄五类功能作为评价的对象。基于物质量的生态系统服务功能评价方法，每种功能有其相应的计算公式和指标因子进行描述，在此基础上同时考虑指标的可获取性和可操作性，初步构建基于生态系统服务功能的规划环境影响评价指标框架，见表4-1。选取对人类干扰比较敏感的因子，如植被、水体变化等，对于不能反映人类干扰、人类无法通过实践活动改变的因子，如坡长、坡度、降水、温度等，不作为主要评价因子。

表 4-1 基于生态系统服务的规划环境影响指标框架

主要生态系统服务功能	评价指标	表征参数
土壤保持	植被生长	NDVI
	植被覆盖	植被盖度
	土壤侵蚀度	土壤有机质含量、土壤侵蚀量
水源涵养	植被生长	NDVI
	植被覆盖	植被盖度
	土壤蓄水容量	土壤厚度、土壤非毛管孔隙度
	湿地水源涵养量	湿地面积、蓄水深度
防风固沙	植被生长	NDVI
	植被覆盖	植被盖度
	土壤粒径	粒径小于 0.1 mm 的砂粒比例
	土壤风蚀度	土壤有机质含量、土壤风蚀量

主要生态系统服务功能	评价指标	表征参数
生物多样性保护	生物多样性指数	自然保护区面积
		重要生境破碎度
		植被景观多样性指数
		国家级保护植物物种多样性指数
		国家级保护动物物种多样性指数
洪水调蓄	洪水调蓄量	丰水期水位
		枯水期水位
		蓄水面积
		水库调节库容

4.4　评价指标的参数信息表征及获取技术

4.4.1　基于生态系统服务的参数信息表征方式

4.4.1.1　水源涵养功能的参数信息表征方式

评价指标由森林生态系统、草地生态系统、农田生态系统和湿地生态系统涵水量四类构成。

森林、草地、农田生态系统涵水量可由植被盖度、NDVI、土壤厚度、土壤非毛管孔隙度表征。

湿地生态系统涵水量可以由平均蓄水深度、湿地面积计算。

4.4.1.2　防风固沙功能的参数信息表征方式

评价指标由坡度、风速、相对湿度、大风日数、植被盖度和土壤平均粒径六类构成。其中，植被盖度可以由归一化植被指数（NDVI）计算转化而得。

4.4.1.3　土壤保持功能的参数信息表征方式

评价指标由降雨侵蚀性、土壤可侵蚀性、坡长坡度、植被盖度和管理措施因子五类构成。

降雨侵蚀性：侵蚀性日雨量（要求日雨量≥12 mm）、日雨量≥12 mm 的日平均雨量，日雨量≥12 mm 的年平均雨量。

土壤可侵蚀性：土壤表层的机械组成（砂粒、粉粒、黏粒的含量）、有机质含量。

植被盖度：可以由归一化植被指数（NDVI）计算转化而得。

管理措施因子：耕种方式，可根据研究区的 DEM 和土地利用/覆被（LULC）数据确定。

4.4.1.4　生物多样性保护功能的参数信息表征方式

评价指标由植被景观多样性指数、物种多样性指数、自然保护区指数、国家级保护植物物种多样性指数、国家级保护动物物种多样性指数五类构成。

植被景观多样性指数：可以由区域植被群系的数目以及所占的面积比例计算转化而得。

物种多样性指数：可以由各类型生态系统面积计算转化而得。

自然保护区指数：可以由归一化处理后的区域各种类型自然保护区面积和野生生物型自然保护区面积计算转化而得。

国家级保护植物、动物物种多样性指数：可以由区域内国家级保护植物、动物种类及数量计算转化而得。

4.4.1.5　洪水调蓄功能的参数信息表征方式

评价指标由丰水期水位、枯水期水位、蓄水面积、水库调节库容四类构成，其中，丰水期水位、枯水期水位、蓄水面积可通过地方水利或环保等有关部门的监测、统计资料中获得，水库调节库容是为水力发电、航运、给水、灌溉等兴利事业提供调节径流的水库容积，即正常蓄水位至死水位之间的水库容积。

4.4.2　基于生态系统服务的参数信息获取技术

4.4.2.1　表征水源涵养功能的各项参数获取技术

各种生态系统类型的空间分布数据可以基于地方国土（土地利用数据）、林业（林相调查）、环保和农业有关部门的业务统计资料，并辅助实地调研结合遥感影像解译的方法。按照获取的相关数据精度和评估要求划分评估单元。在区域尺度上，可以划分为森林、草地、农田、水域、城市和荒漠六大类生态系统类型。

每个划分的评估单元内代表相应森林、草地和农田类型，每个功能层涵水量可参照已有的研究文献资料或基于样方实验确定。

NDVI 数据可由美国地球观测系统（Earth Resources Observation System，EROS）数据中心的探路者数据集（Pathfinder Data Set，PDS）获取。图像空间分辨率为 1 km×1 km。采用最大值合成法（Maximum Value Composite，MVC）计算逐旬的 AVHRR-NDVI 数据，并生成各月的最大化归一化植被指数 $NDVI_{max}$ 图像，以尽可能消除云层影响。

土壤的非毛管孔隙度可以在相应样方中用环刀取样，再吸水膨胀取重量差值的方法测定。土层厚度可在相应样方中挖土层剖面，分层测定母质层以上厚度。

沼泽、湖泊、水库和水田的平均蓄水深度可以由相关部门的统计资料获取。也可由水利部门的水位监测标杆获取，或者用透明度盘（萨氏盘）来实测沼泽或水田的平均水深，用声呐探测器等来实测湖泊、水库的平均水深。各种湿地类型的蓄水面积可由上述生态系统类型的空间分布数据借助相关地理信息系统软件进行计算。

4.4.2.2　表征防风固沙功能的各项参数获取技术

区域坡度高低的空间分布数据可由数字高程模型（Digital Elevation Model，DEM）派生得到。区域 DEM 数据可由美国国家航空航天局陆面过程分布式数据存档中心（Land Processes Distributed Active Archive Center，LPDAAC）搭载于 Terra 卫星（地球观测系统 EOS 星座的第一颗卫星）的 ASTER 传感器所获得的全球 30 m 分辨率 DEM 数据获取。

区域风速、空气相对湿度和大风日数资料来源于中国气象科学数据共享服务网（http://cdc.nmic.cn/）。数据内容包括全国各个气象站点的编号、经纬度和海拔，以及每个气象站点在相应分析时间尺度内的风速（m/s）、空气相对湿度（%）和大风日数（d）。对气象站点的相应气象参数以数字高程模型（DEM）作为协变量，采用专业气象插值软件 ANUSPLIN 进行空间插值处理。

区域研究范围内土壤平均粒径数据来源于中科院南京土壤研究所的中国 1∶100 万土壤数据库。该数据库由土壤空间数据库和土壤属性数据库两部分组成。土壤空间数据库依据全国土壤普查办公室 1995 年编制出版的《1∶100 万中华人民共和国土壤图》。土壤属性数据库包含了土壤剖面描述数据、土壤肥力数据和土壤化学数据三个子库，其中包括土壤粒径等属性字段。

4.4.2.3　表征土壤保持功能的各项参数获取技术

区域研究范围内的气象站常规降雨量资料来源于中国气象科学数据共享服务网。数据内容包括全国各个气象站点的编号、经纬度和海拔，以及每个气象站点的日降水量（mm）。对气象站点的相应气象参数以数字高程模型（DEM）作为协变量，采用专业气象插值软件

ANUSPLIN 进行空间插值处理。

区域研究范围内土壤表层的机械组成、有机质含量数据来源于中科院南京土壤研究所的中国 1∶100 万土壤数据库。土壤属性数据库包括土壤表层黏粒、粉砂、砂粒、有机质含量等属性字段。

DEM 可由 ASTER 传感器所获得的全球 30 m 分辨率 DEM 数据获取。

区域研究范围内逐旬的 NDVI 数据可由探路者数据集获取。图像空间分辨率为 1 km×1 km。采用最大值合成法计算逐旬的 AVHRR-NDVI 数据，并生成各月的最大化归一化植被指数图像，以尽可能消除云层影响。

区域土地利用/覆被空间分布数据可由当地国土部门每年变更的土地利用数据库获取，或通过对遥感影像的人机交互目视解译获得。

4.4.2.4　表征生物多样性保护功能各项参数获取技术

区域植被群系的数目以及所占的面积比例可以基于地方林业（林业清查）、环保（植物保护）和农业有关部门的业务统计资料，并辅助进行实地调研结合遥感影像解译的方法。

区域各种生态系统类型的面积可以基于地方国土（土地利用数据）、林业（林相调查）、环保和农业有关部门的业务统计资料，并辅助进行实地调研结合遥感影像解译的方法。

区域内各种类型保护区的面积可以由地方相关部门提供。

区域内国家级保护植物、动物种类及数量来源于地方的动植物保护名录。

4.4.2.5　表征洪水调蓄功能各项参数获取技术

湿地和湖泊的水位测量的是静水位埋藏深度和高程。一年中丰水期、枯水期的水位可以由相关部门的统计资料获取。也可按《水文普通测量规范》（SL 58—93）执行，按五等水准测量标准监测。有条件的地区，可采用自记水位仪、电测水位仪等自动监测仪进行水位测量。

蓄水面积可以由相关部门的统计资料获取，也可根据生态系统类型的空间分布数据，借助相关地理信息系统软件进行计算。

水库调节库容根据相应调查水库的设计建造参数，取其正常蓄水位至死水位的水库容积差。

第 5 章
规划环评中生态系统服务功能影响评价方法

在吸收现有评价方法的基础上，采用定性分析与定量评价相结合的方法，定量评价比较容易量化和非常重要的生态系统服务，对识别出的其他服务进行定性分析以辅助决策，完整地进行生态系统服务功能影响评价。拟以物质量的生态系统服务功能评价方法为基础，对方法本身的缺陷进行一定的改进，结合层次分析法、地图叠置法、数学模型法、情景分析法等方法，构建规划对生态系统服务功能影响评价的方法体系。首先，基于物质量的生态系统服务功能评价方法，应用数学模型法，计算出每个归一化的评价指标值；其次，应用层次分析法，确定出各项评价指标的权重系数；再次，应用情景分析法，确定出不同情景下每项评价指标的变化趋势；最后，应用地图叠置法，将各项评价指标的评价结果进行综合，实现区域生态系统服务功能影响的量化与空间分布的表达。

具体而言，在构建规划对生态系统服务功能影响评价指标的基础上，根据识别出的受规划影响的主要生态系统服务功能，筛选出评价区域内能够表征这些主要功能的评价指标。每种服务功能都有各自的关键指标来表征，通过评价不同情景下这些指标的变化趋势、变化程度，可以反映出相应的某种生态服务功能的变化趋势，能够实现评价不同情景对各项生态服务功能影响的评价目标。相较于现状，不同规划情景根据各项指标的变化趋势、变化程度设定评价标准。这种评价方法，既能够客观恒定地反映生态系统服务功能受影响的程度，适用于同一生态系统不同时段提供服务的能力的比较研究，同时能将评价结果反映到空间中，便于进行情景分析和对策调控。

5.1 定性分析

对于受数据、信息限制不能进行全面定量评价的地区，定量评价比较容易量化和非常重要的生态系统服务，对识别出的其他服务进行定性分析。根据识别出的生态系统服务影响因素和生态系统服务功能影响指标，定性分析规划实施对区域生态系统服务功能（如水源涵养、土壤保持、防风固沙、生物多样性保护、洪水调蓄等）的影响范围及影响程度。常用的定性分析方法有类比分析法、土地适宜性分析法等。

5.1.1 类比分析法

类比分析法是分析中比较常用的一种方法，是根据一定的标准对分析对象进行比较研究，找出其中的本质规律，得出符合客观实际结论的方法。类比分析法除可应用于规划环境影响评价的预测阶段外，还可应用于影响识别、评价及减缓措施与环境管理阶段。

该方法的优点是整体思路简单易行、结果表现形式简单易懂。使用类比分析法，应注意以下问题：① 注意可比性，比如研究城市规划的环境影响，必须寻找有可比性的同类城市做比较；② 要抓住事物的本质及相关的主要方面，未必面面俱到；③ 注意从不同角度、各相关方面进行比较；④ 比较分析要有明确的步骤，即明确主题，有明确的标准、数据、概念等。

5.1.2 土地适宜性分析法

土地适宜性分析法就是评定土地对于某种用途是否适宜以及适宜的程度的方法，它是进行土地利用决策、科学地编制土地利用规划的基本依据。土地适宜性分析法是通过对土地的自然、经济属性的综合鉴定，阐明土地属性所具有的生产潜力，对农、林、牧、渔等各业的适宜性、限制性及其差异程度的评定。

土地适宜性分析法是在现有的生产力经营水平和特定的土地利用方式条件下，以土地的自然要素和社会经济要素相结合作为鉴定指标，通过考察和综合分析土地对各种用途的适宜程度、质量高低及其限制状况等，从而对土地的用途和质量进行分类定级的方法。分析规划建设内容与生态敏感区域的关系，分析规划建设内容的空间布局是否与生态敏感区域相重叠。

5.2 定性影响分析标准设计

根据建立的生态系统服务功能影响评价指标，确定主要生态系统服务功能定性评价标准，见表 5-1。

表 5-1 生态系统服务功能影响定性分析标准

生态系统服务功能	影响指标	定性分析标准
生物多样性保护	自然保护区面积	是否导致自然保护区面积降低
	重要生境破碎度	是否会导致大面积生境破坏，影响区域完整性和连通性
	植被景观多样性指数	是否会破坏大量植被，影响生物栖息地
	国家级保护植物物种多样性指数	是否导致植物、动物等关键物种消失，是否会受外来物种入侵的干扰
	国家级保护动物物种多样性指数	
水源涵养	植被生长	是否会破坏大量地表植被，影响植被盖度
	土地利用类型变化	是否会导致土地利用类型改变，尤其是森林、草地等生态系统类型是否会有改变
	土壤蓄水容量	土壤厚度、土壤有机质等是否会降低
	湿地水源涵养量	湿地面积、湿地蓄水深度是否会受影响
防风固沙	植被生长	是否会破坏大量地表植被，影响植被盖度
	土地利用类型变化	是否会导致土地利用类型改变，尤其是森林、草地等生态系统类型是否会有改变
	土壤粒径	粒径小于 0.1 mm 的砂粒比例是否会增加
	土壤风蚀度	土壤有机质是否会降低，土壤风蚀程度是否会加重
土壤保持	植被生长	是否会破坏大量地表植被，影响植被盖度
	土地利用类型变化	是否会导致土地利用类型改变，尤其是森林、草地等生态系统类型是否会有改变
	土壤侵蚀度	土壤有机质是否会降低，水土流失及石漠化程度是否会加重
洪水调蓄	丰水期水位	是否会导致丰水期水位受影响
	枯水期水位	是否会导致枯水期水位受影响
	蓄水面积	是否会导致湿地、湖泊等面积受影响
	水库调节库容	是否会导致水库调节库容等受影响

5.3 定量评价方法

5.3.1 基于数学模型计算每个评价指标归一化的指标值

数学模型是用符号、函数关系将评价目标和内容系统规定下来，并把互相间的变化关系通过数学公式表达出来，通过数学模型法，计算出每个归一化的评价指标值。

具体步骤为：① 建立基于参数信息的指标计算模型；② 寻找各个指标的参数信息并进行计算；③ 构建指标值评价标准；④ 依据指标值及其评价标准得出归一化的指标值。在得出归一化的指标值后便可使用地图叠置法得出方案层的值，进而进行下一步的目标层评估。

5.3.2　基于层次分析法确定各项评价指标的权重系数

不同层次的指标之间都存在着关系，通过计算层次单排序，确定各项指标的权重系数。首先根据各层指标之间的相对重要性评估，构造出相对重要性矩阵。再根据这个相对重要性矩阵，确定每个风险指标的权重。然后，对相对重要性矩阵进行一致性检验，如果相对重要性矩阵中各元素的估算一致性太差，应重新估算。

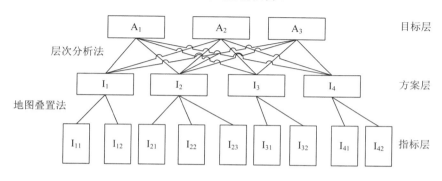

图 5-1　层次分析法模型

具体评价分为以下几个步骤：① 通过地图叠置评价法对每一类指标进行评价，即得到方案层 I_1、I_2、I_3、I_4 的数值；② 运用层次分析法，通过计算层次单排序，得到方案层 I_1、I_2、I_3、I_4 各类指标对于目标层 A_1、A_2、A_3 的权重系数；③ 对每一个基本评价单元的四类评价结果乘以其相对于不同目标的权重系数，得到每一个基本评价单元对应目标层的三个数值；④ 通过对最终得到的三个数值进行判断，确定每一个基本评价单元的类型。

5.3.3　基于情景分析法确定不同情景下每项评价指标的变化趋势

分析评估战略决策的环境影响，必须假设战略执行的过程，即确定情景。通过情景分析法，将规划方案实施前后、不同时间和条件下的生态系统服务功能状况，按时间序列进行描绘，确定出不同情景下每项评价指标的变化趋势。采取的评价方法为：根据环境保护目标，设定集中情景，然后分析生态系统服务功能影响，最后分析能够达到的生态可持续发展目标。该方法具有以下特点：

1）可以反映出不同的规划方案（经济活动）情景下的环境影响后果，以及一系列主要变化的过程，便于研究、比较和决策；

2）可以提醒评价人员注意开发行动中的某些活动或政策可能引起重大的后果和环境风险；

3）需与其他评价方法结合起来使用。因为情景分析法只是建立了一套进行环境影响评价的框架，分析每一情景下的环境影响还必须依赖于其他一些更为具体的评价方法，例如环境数学模型、矩阵法或 GIS 等。

5.3.4　基于综合评价法综合每项指标的评价结果

综合评价法是运用多个指标对多个参评单位进行评价的方法，称为多变量综合评价法，或简称综合评价法。其基本思想是将多个指标转化为一个能够反映综合情况的指标来进行评价。

综合评价法的步骤包括：① 确定综合评价指标体系，这是综合评价的基础和依据；② 收集数据，并对不同计量单位的指标数据进行同度量处理；③ 确定指标体系中各指标的权数，以保证评价的科学性；④ 对经过处理的指标再进行汇总，计算出综合评价指数或综合评价分值；⑤ 根据评价指数或分值对参评单位进行排序，并由此得出结论。

5.3.5　基于地图叠置法实现各项指标评价结果的空间叠加

地图叠置法最早由 Mc. Harg 推广应用于土地生态适宜度评价中，之后被广泛地应用于区划研究，这一方法的实质是将不同的地图数据叠加在一起对区域进行分析。地图叠置法的优点在于可以较为直观地判断研究地区环境影响因素的空间分布、社会经济发展的优势及限制条件。地图叠置法适用于评价区域的综合分析，环境影响识别（尤其是影响范围）以及累积影响评价。随着计算机科学的发展，地理信息系统技术的出现使得地图叠置法可以基于地理空间数据库，采用地理模型分析方法，将不同专题的评价地图叠加生成新的评价数据图层。

鉴于生态系统服务功能影响评价的综合性，评价将涉及多元数据的集成与处理，且各评价指标都存在着显著的空间异质性，本书使用 GIS 软件，通过以多个数据平面作为输入，经过一定的空间分析函数测算，通过叠加一类评价指标中不同指标的空间数据得到这一类评价指标的评价结果，如通过叠加 I_{21}、I_{22}、I_{23} 空间数据得到 I_2 的评价结果，然后对评价结果进行赋值，最终实现区域生态系统服务功能影响的量化与空间分布的表达。

地图叠置法适用于空间属性较强的规划和生态影响为主的规划，如城市规划、土地利用规划、区域与流域开发利用规划、交通规划、生产力和产业布局规划、旅游规划、农业规划、畜牧业规划、林业规划等。

5.4　定量影响评价标准设计

5.4.1　主要评价指标评价标准

本书通过主要评价指标的变化趋势表征区域生态功能受影响的趋势，能够反映规划活动对区域生态功能的影响。根据建立的生态系统服务功能影响评价指标，对每个主要评价指标设定评价标准，见表 5-2，每项指标分别评价后，将评价结果落实到空间中。

表 5-2　生态系统服务功能影响定量评价标准

评价指标	评价标准		
	评价因子		赋值
NDVI	NDVI 变化	＞0.05（植被变好） −0.05～0.05（植被不变）	$A_1=1$
		＜−0.05（植被变差）	$A_2=2$
植被退化演替	土地覆被变化	两者没有变化或好转	$B_1=1$
		土地覆被类型退化一级	$B_2=2$
		土地覆被类型退化多于一级	$B_3=3$
		退化到沙漠	$B_4=4$
土壤粒径	粒径小于 0.1 mm 的砂粒比例	＜20%	$C_1=1$
		＞20%	$C_2=2$
土壤侵蚀	土壤侵蚀强度变化	强度变小或不变	$D_1=1$
		强度变大	$D_2=2$
土壤蓄水容量	土壤厚度变化	厚度变大或不变	$E_1=1$
		厚度变小	$E_2=2$
湿地与湖泊面积	湿地与湖泊面积变化	面积增大或不变	$F_1=1$
		面积减小	$F_2=2$
湿地与湖泊蓄水深度	湿地与湖泊蓄水深度变化	深度增大或不变	$G_1=1$
		深度减小	$G_2=2$
自然保护区面积	自然保护区面积变化	面积变大或不变	$H_1=1$
		面积变小	$H_2=2$
重要生境破碎度	生境破碎度指数变化	指数变小或不变	$I_1=1$
		指数变大	$I_2=2$
景观多样性指数	景观多样性指数变化	指数变大或不变	$J_1=1$
		指数变小	$J_2=2$

评价指标	评价标准		
	评价因子		赋值
物种多样性指数	物种多样性指数变化	指数变大或不变	$K_1=1$
		指数变小	$K_2=2$
水库调节库容	水库调节库容变化	库容量变大或不变	$L_1=1$
		库容量减小	$L_2=2$

注：评价标准可根据研究区域具体情况适当调整。

（1）NDVI 变化

应用不同年份的 NDVI 变化值来代表区域植被生长状态。NDVI 值的范围从−1 到 1，其中裸土为 0.08～0.1，稀疏植被为 0.1～0.3，茂盛植被为 0.4～0.7，水体及荒地为−0.3。NDVI 变化值作为评价植被生长状态的数据，指标分为两级：如果变化值大于 0.05，表明植被变好，变化值约等于 0（−0.05～0.05），表明植被没有变化（赋值 1）；变化值小于−0.05，表明植被退化（赋值 2）。

（2）土地覆被变化

将两个时期土地利用差异性进行排序，土地覆被变化可以表征区域植被退化过程。植被退化的演替过程定义为：林地→灌木丛或灌木草场→草场→耕地→沙漠。评价标准分为四级：当土地覆被没有变化或变好时定义为 1 级（赋值 1），当土地覆被退化一个层次时定义为 2 级（赋值 2），当土地覆被退化两个或以上层次时定义为 3 级（赋值 3），当土地覆被退化至沙漠时定义为 4 级（赋值 4）。

（3）粒径小于 0.1 mm 的砂粒比例

土壤受风力的分选作用明显，粒径小于 0.1 mm 的细砂和粉尘占优势，高达 80%，用粒径小于 0.1 mm 的砂粒比例来反映土壤的物理性质，评价标准分为两级：当细砂比例小于 20%时定义为 1 级（赋值 1），当细砂比例大于 20%时定义为 2 级（赋值 2）。

（4）土壤侵蚀强度变化

结合研究区域具体环境特征，依据侵蚀模数或植被盖度的大小判定土壤侵蚀强度，评价标准分为两级：当土壤侵蚀强度变小或不变时定义为 1 级（赋值 1），当土壤侵蚀强度变大时定义为 2 级（赋值 2）。

（5）土壤厚度变化

土壤厚度变化的评价标准分为两级：当土壤厚度变大或不变时定义为 1 级（赋值 1），当土壤厚度变小时定义为 2 级（赋值 2）。

（6）湿地与湖泊面积变化

湿地与湖泊面积变化的评价标准分为两级：当湿地与湖泊面积变大或不变时定义为

1 级（赋值 1），当湿地与湖泊面积变小时定义为 2 级（赋值 2）。

（7）湿地与湖泊蓄水深度变化

湿地与湖泊蓄水深度变化的评价标准分为两级：当湿地与湖泊蓄水深度变大或不变时定义为 1 级（赋值 1），当湿地与湖泊蓄水深度变小时定义为 2 级（赋值 2）。

（8）自然保护区面积变化

自然保护区面积变化的评价标准分为两级：当自然保护区面积变大或不变时定义为 1 级（赋值 1），当自然保护区面积变小时定义为 2 级（赋值 2）。

（9）生境破碎度指数变化

生境破碎化指数用以描述景观里某一景观类型在给定时间里和给定性质上的破碎化程度。一般地，破碎化指数的取值为 0～1，其中 0 代表无破碎化存在，而 1 代表给定性质已经完全破碎化，人类活动的强度与景观的破碎度成正比关系（王宪礼等，1997）。生境破碎度指数计算公式为：

$$LTFI_1 = (N_p - 1) / N_c \tag{5-1}$$

$$LTFI_2 = MPS(N_f - 1) / N_c \tag{5-2}$$

式中：$LTFI_1$——整个研究区的景观破碎化指数；

$\quad N_p$——景观斑块总数；

$\quad N_c$——研究区的总面积与最小斑块面积的比值；

$\quad LTFI_2$——某景观斑块类型的景观破碎化指数；

$\quad MPS$——某景观斑块类型的平均斑块面积；

$\quad N_f$——某景观斑块类型的斑块数目。

评价标准分为两级：当生境破碎度指数变小或不变时定义为 1 级（赋值 1），当生境破碎度指数变大时定义为 2 级（赋值 2）。

（10）景观多样性指数变化

景观多样性指数是在景观级别上，各斑块类型的面积比乘以其值的自然对数之后的和的负值。景观多样性指数等于 0 表明整个景观仅由一个斑块组成；景观多样性指数增大，说明斑块类型增加或各斑块类型在景观中呈均衡化趋势分布。景观多样性指数变化的评价标准分为两级：当景观多样性指数变大或不变时定义为 1 级（赋值 1），当景观多样性指数变小时定义为 2 级（赋值 2）。

（11）物种多样性指数变化

物种多样性指数是计算依托生态系统类型的物种多样性指数。物种多样性指数变化的评价标准分为两级：当物种多样性指数变大或不变时定义为 1 级（赋值 1），当物种多样性指数变小时定义为 2 级（赋值 2）。

（12）水库调节库容变化

水库调节库容变化的评价标准分为两级：当水库调节库容量变大或不变时定义为 1 级（赋值 1），当水库调节库容量变小时定义为 2 级（赋值 2）。

5.4.2　生态系统服务功能影响分级评价

将植被生长、植被退化、土壤粒径、土壤侵蚀、土壤蓄水容量、湿地与湖泊面积、湿地与湖泊蓄水深度、自然保护区面积、重要生境破碎度、景观多样性指数、物种多样性指数、水库调节库容等主要评价因子分别建立矩阵，然后将各评价因子矩阵综合起来形成一个联合矩阵，划分生态系统服务功能影响评价分级。

植被生长矩阵：$A = [A_1，A_2]^T$

植被退化矩阵：$B = [B_1，B_2，B_3，B_4]^T$

土壤粒径矩阵：$C = [C_1，C_2]^T$

土壤侵蚀矩阵：$D = [D_1，D_2]^T$

土壤蓄水容量矩阵：$E = [E_1，E_2]^T$

湿地与湖泊面积矩阵：$F = [F_1，F_2]^T$

湿地与湖泊蓄水深度矩阵：$G = [G_1，G_2]^T$

自然保护区面积矩阵：$H = [H_1，H_2]^T$

重要生境破碎度矩阵：$I = [I_1，I_2]^T$

景观多样性指数矩阵：$J = [J_1，J_2]^T$

物种多样性指数矩阵：$K = [K_1，K_2]^T$

水库调节库容矩阵：$L = [L_1，L_2]^T$

根据主要评价因子的评价结果划分生态系统服务功能影响等级，共分为三个等级：当评价指标均处于最佳状态时为无负面影响，当评价指标只有一项不是最佳且不是最差状态时为负面影响较小，其他情况为负面影响较大，评价标准见表 5-3。

表 5-3　生态系统服务功能影响等级

主要生态服务功能	影响等级	影响等级说明	评价标准
水源涵养	1	无负面影响	$ABEFG = 1$
	2	负面影响较小	$ABEFG \leq 3$
	3	负面影响较大	$4 \leq ABEFG \leq 64$

主要生态服务功能	影响等级	影响等级说明	评价标准
土壤保持	1	无负面影响	$ABD=1$
	2	负面影响较小	$ABD \leq 3$
	3	负面影响较大	$4 \leq ABD \leq 16$
防风固沙	1	无负面影响	$ABCD=1$
	2	负面影响较小	$ABCD \leq 3$
	3	负面影响较大	$4 \leq ABCD \leq 32$
生物多样性保护	1	无负面影响	$HIJK=1$
	2	负面影响较小	$HIJK=2$
	3	负面影响较大	$4 \leq HIJK \leq 16$
洪水调蓄	1	无负面影响	$FGL=1$
	2	负面影响较小	$FGL=2$
	3	负面影响较大	$4 \leq FGL \leq 8$

对于水源涵养功能，当栅格（评价单元）矩阵值为 1 时定义为无负面影响，当矩阵值不大于 3 时定义为负面影响较小，当矩阵值在 4～64 时定义为负面影响较大。对于土壤保持功能，当栅格（评价单元）矩阵值为 1 时定义为无负面影响，当矩阵值不大于 3 时定义为负面影响较小，当矩阵值在 4～16 时定义为负面影响较大。对于防风固沙功能，当栅格（评价单元）矩阵值为 1 时定义为无负面影响，当矩阵值不大于 3 时定义为负面影响较小，当矩阵值在 4～32 时定义为负面影响较大。对于生物多样性保护功能，当栅格（评价单元）矩阵值为 1 时定义为无负面影响，当矩阵值为 2 时定义为负面影响较小，当矩阵值在 4～16 时定义为负面影响较大。对于洪水调蓄功能，当栅格（评价单元）矩阵值为 1 时定义为无负面影响，当矩阵值为 2 时定义为负面影响较小，当矩阵值在 4～8 时定义为负面影响较大。

第6章
应用实践——以云贵区域矿产资源开发规划为例

选择云贵区域矿产资源开发规划进行实践案例研究，使用本书建立的基于生态系统服务功能的评价方法，识别云贵区域矿产资源开发产生的生态服务功能影响。云贵地区地处我国西南关键区域，生物资源、矿产资源、水资源等战略资源优势突出，是我国重要的生物多样性宝库和西南生态安全屏障。云贵区域生态环境脆弱，横断山地和云贵高原喀斯特地貌带来特殊的水土流失和石漠化问题、生物多样性保护问题、水源涵养问题等一系列区域性生态问题有待解决。长期以来，云贵两省经济增长主要依靠本地矿产资源开发、黑色和有色金属冶炼及初级加工等资源消耗大、环境污染重的行业，是比较典型的资源依赖型发展模式，部分区域产业发展与资源环境之间的矛盾将日益凸显，生态风险加剧。

6.1 区域自然环境概况

6.1.1 地理位置

云南省地处我国西南边陲，位于北纬 21°8′32″—29°15′8″、东经 97°31′39″—106°11′47″，北回归线横贯本省南部。全境东西最大横距 864.9 km，南北最大纵距 900 km，总面积 39.4 万 km²，占全国陆地总面积的 4.1%，居全国第八位。云南省东部与贵州省、广西壮族自治区为邻，北部同四川省相连，西北隅紧倚西藏自治区，西部同缅甸接壤，南部同老挝、越南毗连。从整个位置看，北依广袤的亚洲大陆，南连位于辽阔的太平洋和印度洋的东南亚半岛，处在东南季风和西南季风控制之下，又受西藏高原区的影响，从而形成了复杂多样的自然地理环境。云南省与邻国的边界线总长为 4 060 km，其中中缅段 1 997 km，中老段 710 km，中越段 1 353 km。云南自古就是中国连接东南亚各国的陆路通道。有出境公路 20 多条，15 个民族与境外相同民族在国境线两侧居住。与泰国、柬埔寨、孟加拉国、印度等国相距不远。

贵州省位于我国西南地区东部，东毗湖南，北邻重庆和四川，西连云南，南接广西，介于东经 103°36′—109°35′、北纬 24°37′—29°13′。全省东西长约 595 km，南北相距约 509 km，总面积 17.62 万 km²，占全国国土面积的 1.8%。贵州省位于我国西南中心腹地，是西南地区通往珠江三角洲、北部湾经济区和长江中下游地区的交通枢纽。

6.1.2 自然条件

地形条件复杂。云南省西北部是高山深谷的横断山区，东部和南部是云贵高原。全省西北高、东南低，超过 84% 的面积是山地，高原和丘陵共占 10%，其余不到 6% 的面积是坝子、湖泊之类，个别县市的山地比重超过 98%。贵州地处云贵高原东部斜坡，地势西高东低，自西部和中部向北、东、南三面倾斜，平均海拔 1 100 m 左右。贵州是全国唯一没有平原支撑的省份，其地貌的显著特征是山地多，山地和丘陵占全省总面积的 92.5%，素有"八山一水一分田"之说。境内分布着四大山脉：北部的大娄山、东部的武陵山、西部的乌蒙山和横亘中部的苗岭，这四大山脉构成了贵州高原的地形骨架。贵州还是世界上岩溶地貌发育最典型的地区之一，喀斯特出露面积占全省总面积的 61.9%。

河流纵横，水系复杂。云南省大小河流共 600 多条，其中较大的有 180 条，多为入海河流的上游。河流集水面积遍于全省，分别属于六大水系：金沙江—长江，南盘江—珠江，元江—红河，澜沧江—湄公河，怒江—萨尔温江，独龙江、大盈江、瑞丽江—伊洛瓦底江；分别注入三海和三湾：东海、南海、安达曼海，北部湾、莫踏马湾、孟加拉湾；归到两大洋：太平洋和印度洋。六大水系中，除南盘江—珠江，元江—红河的源头在云南境内，为国内河流外，其余均为过境河流，发源于青藏高原，分别流经老、缅、泰、柬、越等国入海。如此复杂的水组合是其他省区所没有的。云南江河的另一特点是其流向由北向南，与国内多数江河由西向东的流向不同。贵州河流处在长江和珠江两大水系上游交错地带，河流为山区雨源型河流，数量较多，长度在 10 km 以上的河流有 984 条。全省水系顺地势由西部、中部向东南三面分流。苗岭以北属长江流域，流域面积 115 747 km²，主要河流有乌江、赤水河、清水河、洪州河、舞阳河、锦江、松桃河、松坎河、牛栏河、横江等；苗岭以南属珠江流域，流域面积 60 420 km²，主要河流有南盘江、北盘江、红水河、都柳江、打狗河等。

气候复杂多样。云南地处低纬度高原，地理位置特殊，地形地貌复杂，气候也很复杂。主要受南孟加拉高压气流影响形成的高原季风气候，全省大部分地区冬暖夏凉、四季如春的气候特征。全省气候类型丰富多样，有北热带、南亚热带、中亚热带、北亚热带、南温带、中温带和高原气候区共七个气候类型。贵州属亚热带湿润季风气候区。气候温暖湿润，气温变化小，冬暖夏凉，气候宜人。受大气环流及地形等影响，贵州气候呈多样性，"一山分四季，十里不同天"。另外，气候不稳定，灾害性天气种类较多，干旱、秋风、凌冻、冰雹等频度大，对农业生产危害严重。

6.1.3　资源状况

（1）水资源丰富

云南省水资源总量为 2 222 亿 m³，按单位面积计算，比全国平均水平高 57%，人均水资源超过 10 000 m³，是全国平均水平的 4 倍，全省河流年径流量达到 200 km³，3 倍于黄河，但水资源分布不均，总体趋势南多北少，西多东少。云南水能资源 82.5%蕴藏在金沙江、澜沧江、怒江三大水系，尤以金沙江蕴藏的水能资源最大，占全省水能资源总量的 38.9%，水能资源理论蕴藏量为 10 437 万 kW，占全国总蕴藏量的 15.3%，仅次于西藏、四川，居全国第三位。全省经济可开发装机容量为 9 795 万 kW，年发电量为 3 944.5 亿 kW·h，占全国可开发装机容量的 20.5%，居全国第二位。贵州省河网密度大，河流坡度陡，天然落差大，产水模数高，水能资源十分丰富，理论蕴藏量达 1 874.5 万 kW，居全国第六位，可开发量为 1 683 万 kW，按单位面积占有量计算，每平方千米达 106 kW，是全国平均水平的 1.5 倍，居全国第三位。

（2）煤炭资源丰富

云南煤炭资源具有区位优势，保有资源储量 271.07 亿 t，居全国第七位，具有成煤期多、煤类齐全、煤质好、分布不均衡的特点。贵州素以"西南煤海"著称，全省潜在资源量 2 400 余亿 t，保有资源储量逾 500 亿 t，列全国第五位，是南方 12 个省（市、区）煤炭资源储量的总和。丰富的煤炭资源不仅为贵州发展火电，为实施"西电东送"奠定了坚实的资源基础，而且良好的煤质与类型多样的煤种，为发展煤化工提供了资源条件。贵州能源资源具有"水煤结合""水火互济"的优势。贵州是中国新型洁净能源煤层气的主要产区，煤层中蕴藏有丰富的煤层气，埋深小于 2 000 m 的资源量达 3.15 万亿 m³，仅次于山西，列全国第二位，六盘水煤田是中国最重要的煤层气产区之一。

（3）有色矿产资源富集

云南被称为"有色金属王国"，具有面广点多、矿种齐全、品位较富、共伴生有益组分多、综合利用经济效益高等特点。已发现各类矿产 150 多种，占全国已发现矿产种类的 93%，其中燃料矿产约占 40%，金属矿产占 7.3%，非金属矿产约占 52.7%，探明储量的矿产 92 种，其中 25 种矿产储量位居全国前三名，54 种矿产储量居前十位，居全国首位的矿种有锌、石墨、锡、镉、铟、铊和青石棉。贵州矿产资源种类多、储量大，已发现矿种（含亚矿种）128 种，发现矿床、矿点 3 000 余处。有 41 种矿产资源储量排名全国前十位。稀土矿资源储量 149.79 万 t，占全国总量的 47.93%，居全国第二位；磷矿资源储量 27.73 亿 t，占全国总量的 15.85%，居全国第三位；锰矿保有资源储量 9 882.49 万 t，锑矿保有资源储量 26.72 万 t，铝土矿资源储量 5.13 亿 t，分别占全国总量的 10.07%、8.07% 和 16.30%，锰矿储量居全国第三位，锑和铝土矿居全国第四位；重晶石保有资源储量 1.26 亿 t，占全国总量的 30.65%，居全国第一位。丰富的矿产资源为贵州发展以铝、金为主的冶金工业，以磷、重晶石为重点的化学工业和以水泥为代表的建材工业等，提供了充足的资源保障。

（4）生物资源丰富

云南几乎集中了从热带、亚热带至温带甚至寒带的植物品种，素以"植物王国"著称。在全国约 3 万种高等植物中，云南已经发现了 274 科，2 076 属，1.7 万种。云南地理气候复杂多样，为各种动物的生存、繁衍提供了得天独厚的环境条件，形成了寒温热带动物交汇的奇特现象，显现出动物资源方面的极大优势，素有"动物王国"之美誉。鱼类中有 5 科 40 属 250 种为云南特有，鸟兽类中有 46 种为国家一级保护动物，154 种为国家二级保护动物。贵州多种类型的土地资源与光、热、水等条件结合，繁衍出非常丰富的生物资源。全省野生植物种类繁多，有维管束植物近 6 000 种，其中可供食用的 500 余种，工业用植物 600 多种，绿化、美化以及能抗污染、改善环境的植物 240 种；有大量的珍稀植物，列入国家一级保护的有银杉、珙桐、桫椤、贵州苏铁等 15 种。野生动物资源丰富，有脊椎动物 999 种，其中兽类 168 种，鸟类 437 种，爬行类 107 种，两栖类 66 种，鱼类 221 种；列入国家一级保护的珍稀动物有黔金丝猴、黑叶猴、华南虎、黑颈鹤等 15 种。"夜郎无闲草，黔地多良药"，贵州是中国四大中药材产区之一，全省有药用植物 3 924 种、药用动物 289 种，享誉国内外的"地道药材"有 32 种，其中天麻、杜仲、黄连、吴萸、石斛是贵州五大名药。

6.2　主要生态服务功能和生态问题的识别

6.2.1　生态系统类型识别

云贵地区生态系统类型多样。主要生态系统类型包括森林生态系统、灌丛和灌草丛生态系统、草地生态系统、湿地生态系统、岩溶山地生态系统、干热河谷生态系统、地质遗迹生态系统等自然生态系统和农田生态系统等半人工生态系统。

6.2.1.1 森林生态系统

云贵地区地形复杂、气候多样，森林植被多样。云南省地处泛北极植物区与古热带植物区的交汇地带，过渡色彩明显，寒、温、热三带植物并存。贵州地处中亚热带，属东亚季风湿润气候区。云南省水平地带性植被自南向北依次为：热带雨林、季雨林、季风常绿阔叶林、半湿润常绿阔叶林。云南西北部为横断山系中段，优势植被类型为寒温性针叶林及高寒草甸，属青藏高原东南边缘类型；西北角一隅独龙江河谷是东喜马拉雅南部热带雨林、季雨林地带向东延伸的部分；东北角则主要是四川盆地边缘山地的湿性常绿阔叶林。在水平带基准面以上的山地，分布着构成植被垂直带的各类湿性常绿阔叶林和温凉性及寒温性针叶林。亚热带地区基准面以下则为深陷的干热河谷，分布着干热的稀树灌木草丛和干旱草地。原生植被除滇南、滇西、滇西北边缘有保留外，滇中、滇东地区多被破坏，多以云南松林为主。贵州地带性植被为常绿阔叶林，但由于贵州广泛发育喀斯特地貌（占全省面积 60% 以上），大部分地区岩石渗漏、土被零星浅薄，生境干燥，因而实际发育的原生性植被多为常绿、落叶阔叶混交林。同时，由于贵州正处于东南季风和西南季风交汇地区以及由于南部河谷深切，森林组成兼有干、湿性质，带有南亚热带季雨林的性质。另外，贵州从第三纪云贵高原隆升以来，未受第四纪冰川覆盖，各类树种迁移和聚集未受影响，现今还残留丰富的第三纪古热带植物区系成分及孑遗群落，如珙桐（*Davidia involucrata*）、银杉（*Cathaya argyrophylla*）、秃杉（*Taiwania flousiana*）等。因此组成贵州森林的树种资源十分丰富，区系成分复杂，孑遗珍稀树种较多。同时，还有多种珍贵动物，如黔金丝猴（*Rhinopithecus roxellanae brelichi*）、黑叶猴（*Prebytis francoisi*）、华南虎（*Panthera tigris amoyensis*）、苏门羚（*Capricrnis sumatraensis milneed warsi*）、云豹（*Neofelis nebulosa*）等。

6.2.1.2 灌丛生态系统

云贵地区原生的灌丛植被主要有高山的杜鹃灌丛、柳灌丛、锦鸡儿灌丛、圆柏灌丛、栎类灌丛、茅栗灌丛、月月青灌丛、小果蔷薇、火棘灌丛、黄荆灌丛和高山柏灌丛。多数为特有成分，如毛喉杜鹃、腺房杜鹃、副萼柳、高山柏等。灌草丛植被主要是各类森林破坏后形成的次生类型，类型多样，种类组成也较复杂，组成成分的多样性与其各自原生森林的类型有关，保护后可通过稀树灌草丛、次生林而恢复到原来的森林类型。

6.2.1.3 草地生态系统

云南草地植被主要分布在滇西北和滇东北的亚高山和高山地区，其分布零散，面积不大。高山草甸主要分布于滇东北和滇西北海拔 3 800～4 800 m 的高山地区。组成成分以多种高山花色艳丽的草本为主，主要有菊科、禾本科、蔷薇科、毛茛科、伞形科、蓼科、报春花科、龙胆科等。亚高山草甸是在亚高山寒温针叶林破坏后经长期放牧利用所形成的次生生态系统类型。主要分布于滇东北和滇西北的亚高山，海拔范围为 3 000～4 000 m。以北温带的菊科、禾本科、蔷薇科、莎草科、毛茛科为主，植物种类丰富，常以禾本科占优势，并常混有附近森林或灌丛的植物成分，在云南省草地生态系统中占有很重要的地位，是面积最大的一类草地。在滇东北部分地区分布此类草甸，约有 18.667 hm^2，草地连片，地形起伏；在滇西北侧多以"林间草地"的形式存在，很少见大面积的分布。亚高山草甸植被中植物种的区系组成情况和滇西北（和滇东北）的高山植被一样，都以地区特有成分丰富为特征。低中山山地草丛是一大类人为干扰下次生的生态系统，是次生灌草丛进一步退化的结果。在山地坡度较大处为荒草坡，在较平缓处为放牧草地。草丛组成以多种亚热带广布的禾草为主，其中不少云南特有优良牧草有待发掘。贵州草地多为森林遭受破坏后的次生植被。其类型结构主要为山地丘陵草丛、山地丘陵灌木草丛、山地丘陵疏林草丛、山地草甸和低地草甸。

6.2.1.4　湿地生态系统

云贵地区湿地分布广泛、类型多样。云南的湿地生态系统根据地理要素可分为高山沼泽、高原湖泊、水库坝塘、河流滩地及水田等五种类型。沼泽化草甸主要零星分布在滇东北和滇西北的亚高山地区，植物类以湿生植物为主，无干旱中生植物，群落季相明显。昭通大山的亚高山沼泽草甸成为国家级重点保护动物黑颈鹤的栖息地。高原湖泊类型多，数量大，主要分布于滇中高原及滇西北横断山区，面积在 1 km^2 以上的就有 37 个。云南湿地物种丰富，有湿地鸟类分属 8 目 20 科 134 种，其中水禽 7 目 18 科 125 种，重要水禽有黑颈鹤、黑鹳、中华秋沙鸭、白头鹤、灰鹤等；有土著鱼类 9 目 27 科 143 属 432 种和亚种，其种类占全国淡水鱼类总数的 42.2%，种类之多占全国各省（自治区、直辖市）之首；有两栖动物 3 目 11 科 118 种，其中仅见于云南的有 45 种以上，云南特有的 20 种以上；有爬行动物 2 目 11 科 53 种，仅见于云南的 8 种。高山和冻原湿地动物种类，主要有山溪鲵、齿突蟾类、西藏蟾蜍、径腺蛙、倭蛙、雪山蝮等。贵州省湿地总面积为 17 665 km^2，占全省土地面积的 10.03%，占全国湿地总面积的 2.8%。贵州省湿地以河流湿地、淡水湖泊湿地为主，另有沼泽、湿草甸、淡水泉、地热湿地以及少量的湿草甸、灌丛湿地、喀斯特森林湿地，人工湿地包括水库、稻田及山塘、沟渠等。主要分布在各河流流域、水库湖泊及其周围沼泽等地。贵州境内 10 km 以上的河流共 984 条，河网密度为每平方千米河长为

17.1 km；境内湖泊 76 个，总面积为 33.74 km²；沼泽湿地较少，其中草本沼泽湿地主要分布于草海周围，约为 775 万 m²；人工湿地主要包括池塘及鱼塘、小蓄水池、水稻田、季节性泛洪农业用地、水库及拦河坝区、烧砖取土积水坑、灌溉渠道等，总面积达 50 561.2 万 m²。贵州省湿地资源有湿地陆地植被 4 类，藻类 1 776 种，鸟类 128 种，两栖动物 56 种，爬行动物 23 种，鱼类 237 种，底栖动物 114 种，浮游动物 267 种。

6.2.1.5　岩溶山地生态系统

西南岩溶区是全球三大连片岩溶发育区之一，其岩溶集中，连片面积之大、岩溶地貌发育之强烈、岩溶生态系统景观类型之复杂多样、人地矛盾之突出，在全球岩溶生态系统中占有突出地位，云南和贵州正处于西南岩溶山区的腹地，是我国岩溶地貌最发育、分布面积最大的省份。岩溶山地植被是一类非地带性植被，表现为石山岩间生长的灌草丛状，发育较好的为石山矮林，组成种类相当丰富，多喜钙耐旱植物，多特有种，形成石山植被的特殊景观。

岩溶生态系统具有易损性、容量小、易破坏并难以恢复、承灾能力弱等特点。岩溶山区生态系统及其组成物种，极易受损，绝大多数岩溶自然生态系统已被人工生态系统或次生性生态系统取代。

6.2.1.6　干热河谷生态系统

这是一类分布于元江、怒江、金沙江、澜沧江一定江段的干热和半干热河谷气候下的一类非地带性植被，最典型的江段在元江和元谋。澜沧江仅见于凤庆与南涧之间的江段。植被呈现热性稀树灌草丛状，组成各类除云南特有种外，与南亚和非洲热带稀树草原有一定联系，是一类残留的河谷型的半萨王纳植被（即次生萨王纳植被）。这是一类我国西南特有的植被类型，具有较大的特殊性和多样性。据最近各江段所取的 542 个样地记录研究，其植被类型有群纲 1 个，群目 6 个，群属 11 个，群丛 67 个，涉及植物种类 993 种。

由于干热河谷特殊的地理位置与地形条件，气候干热、植被稀疏、水土流失严重，是我国西南地区典型的生态环境脆弱区。加之人类活动的强烈干扰，生态环境退化严重。

6.2.1.7　农田生态系统

云南省境内主要农作物有水稻、小麦、玉米、棉花、大豆、油菜、马铃薯、蚕豆、甘蔗，经济林以茶叶、橡胶、香蕉为主。贵州省农田生态系统主要可分为草本类型和木本类型。草本类型主要包括旱作生态系统和水田生态系统；木本类型主要包括油茶林、茶丛、油橄榄林、油桐林、乌桕林、漆树林、核桃林、杜仲林、柑橘林、栗林、苹果林和梨林。西双版纳是我国橡胶的主产区，橡胶林面积占全区总面积的 15%。

6.2.1.8　地质遗迹生态系统

云贵地区地质结构复杂和地质演化历史悠久，古生物化石埋藏丰富，分布广，门类多，形成的年代跨度大，是我国研究古生物的重要省区之一，有"地质古生物宝库"之称，是地质遗迹和古生物遗址的典型区域。地质遗迹生态系统主要有云南澄江帽天山国家地质公园、兴义贵州龙古生物化石遗址、关岭新铺镇海百合古生物化石群和台江动物群化石。

6.2.2　**森林资源现状及趋势**

6.2.2.1　森林资源现状

云贵地区是我国森林植被类型最丰富的区域，发育着包括雨林、季雨林的热带森林和包括季风常绿阔叶林、半湿润常绿阔叶林、暖热性针叶林、暖性针叶林的亚热带森林。随着海拔的升高，还分布着温性针叶林、寒温针叶林、灌丛草甸和高山苔原植被。森林生态系统在涵养水源、土壤保持、固碳释氧、林木营养积累、环境净化等方面具有重要作用。

据 2007 年云南省第五次森林资源清查数据，云南省林业用地面积为 2 476.11 万 hm²，林业用地包括林地、灌木林地、未成林造林地和无林地。云南省森林面积为 1 817.73 万 hm²，占林地面积的 73.41%，森林覆盖率的 47.5%。活立木总蓄积为 171 216.68 万 m³，其中森林蓄积占 90.75%。全省林地中，乔木林面积为 1 581.63 万 hm²，占 87.01%；竹林面积为 9.12 万 hm²，占 0.5%；国家特别规定的灌木林为 226.98 万 hm²，占 12.49%。森林分布不均，以地州市而言，西双版纳州最高（63.7%），文山州最低（27.2%）。以大区而言，主要分布在西部，包括迪庆、丽江、怒江、临沧、保山、德宏、西双版纳、思茅、大理等，占 52.9%；东部森林分布量最低，占 37.2%。

贵州省 2010 年森林面积达到 10 707 万亩，森林覆盖率达 40.52%，活立木蓄积量为 3.33 亿 m³。贵州省现有宜林地为 761.83 万 hm²，占贵州省总土地面积的 43.2%，高于全国 27% 的平均水平。其中，有林地为 420.15 万 hm²，占林地的 55.15%；疏林地为 2.43 万 hm²，占林地的 3.19%；灌木林地为 90.95 万 hm²，占林地的 11.93%；未成林造林地为 9.61 万 hm²，占林地的 0.04%。贵州省森林多集中于东部、东南部和北部，黔东南州和遵义市的森林面积占贵州省森林面积的 47.7%；而安顺、毕节、黔西南、六盘水、贵阳市五个地区的森林面积合计占贵州省森林面积的 24%；铜仁、黔南州两地占 28.3%。从地貌类型来看，喀斯特林地主要连片分布在黔中、黔南与黔西南地区，占全省林地面积的 23.3%，非喀斯特林地占 76.7%。

6.2.2.2 森林资源动态变化

自新中国成立以来，云贵地区森林资源经历先破坏、后建设的过程。自 20 世纪 90 年代以来呈持续上升趋势，主要是人工林，而天然林总量并未增加，由于人工林群落结构简单，其稳定性与生态功能较天然林差。

（1）森林覆盖率及蓄积量变化趋势

云南省是全国三大林区之一，据估算，新中国成立初期云南省森林覆盖率在 50% 以上，活立木蓄积 14 亿 m^3 以上，在全国具有得天独厚的优势。从 20 世纪 50 年代后期开始，云南省成为国家和地方主要的木材输出省，仅 20 多年时间，森林覆盖率下降到 24.9%，活立木蓄积减少到 9.1 亿 m^3。20 世纪 90 年代以来，云南省政府启动了"长江防护林工程"和"天然林资源保护工程"，全面停止了金沙江流域和西双版纳州境内的天然林采伐，使森林资源的数量自 90 年代以来呈持续上升趋势，森林覆盖率由 24.9% 提高到现在的 49.91%，实现了森林面积和蓄积量的双增长。但由于造林树种林种单一，森林资源总体质量仍有待提高。

贵州省在新中国成立初期，据估算当时的森林覆盖率约为 40%。新中国成立后因经济建设的影响，特别是 20 世纪 50 年代末至 60 年代自然灾害和人为活动的不良影响，森林面积不断减少（特别是天然林的减少），至 1975 年贵州省森林覆盖率下降到 14.5%，随后出现了大量砍伐森林的现象，森林覆盖率进一步下降，至 1984 年降至最低，仅为 12.6%。20 世纪 80 年代中期以后，加强森林资源管理和大力植树造林，大面积封山护林，使贵州省森林资源逐渐恢复发展，主要是人工林面积增加，至 2010 年贵州省森林面积达到 10 707 万亩，森林覆盖率达 40.52%，活立木蓄积量为 3.33 亿 m^3。

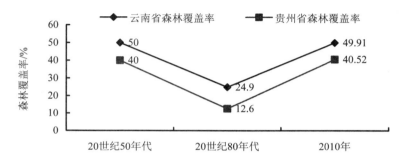

图 6-1 云贵两省森林覆盖率变化趋势

（2）林业用地面积变化趋势

通过云南省三次林业清查的数据可以发现，云南省的林用地面积略有下降，从 1987 年的 2 502.18 万 hm^2 降至 1992 年的 2 435.97 万 hm^2，再降至 1997 年的 2 380.97 万 hm^2；但有林地却有很大幅度的增加，从 1987 年的 932.76 万 hm^2 增到 1992 年的 940.42 万 hm^2，再增加到 1997 年的 1 287.32 万 hm^2，尤其 1992—1997 年增幅较大，达 36.89%；疏林地和未成林造林地 1992—1997 年分别减少了 216.39 万 hm^2 和 7.2 万 hm^2；而灌木林地从 1992—1997 年却增加了 9 500 hm^2。

1996—2005 年，贵州森林面积除苗圃地外都存在着一定程度的变化。林地、灌木林地及未成林地的面积均有增加，其中，未成林地增幅最大；在林地中，竹林及林分均有增长，而经济林在喀斯特地区略有增长，在非喀斯特地区则有所减少；疏林地及无林地面积都有一定程度的减少。林分多分布于贵州东南部的黔东南州、贵州北部的遵义地区和东部的铜仁地区，经济林在贵州西南部的黔西南州相对集中，在其他地方则呈零星分布，竹林集中分布在遵义地区的赤水—习水一带，灌木林地及疏林地散布于贵州各地。总体来看，林地由 2000 年的 765 万 hm^2，增加为 2005 年的 842 万 hm^2，占土地总面积的比例由 44.03% 上升到 45.44%，非林地面积由 973 万 hm^2，减少到 896 万 hm^2；其中，喀斯特地区的林地增长和非林地减少幅度均高于非喀斯特地区。

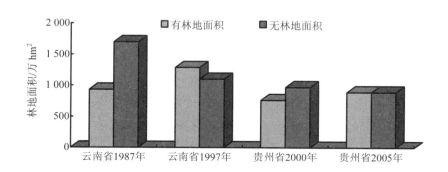

图 6-2　云贵两省林业用地变化趋势

（3）林龄结构变化趋势

在云南省的林地构成中，1987—1997 年，各龄组成均有不同程度的变化，其中幼龄林和中龄林呈递增趋势，分别增加了 31.96% 和 14.95%；近熟林基本持平；成熟林和过熟林呈递减趋势，分别减少了 12.61% 和 34.43%。

表 6-1　云南省森林林龄结构变化

年份	幼龄林	中龄林	近熟林	成熟林	过熟林
1987	5.84%	11.65%	13.67%	25.71%	43.13%
1992	35.64%	25.96%	14.11%	13.60%	10.71%
1997	37.80%	26.60%	13.80%	13.10%	8.70%

（4）林种结构变化趋势

通过分析 2000—2010 年云南省造林情况，发现 10 年间造林面积总量从 2000 年的 4 306.45 万 hm^2 提升到 2010 年的 6 615 万 hm^2，10 年间共造林 45 175.46 万 hm^2；特别是近几年来，造林面积不断增长。但按林种用途区分造林种类，统计发现每年造林面积中以经济林建设为主，经济林占造林面积比例从 2000 年的 32.06%上升到 2010 年的 72.79%，防护林次之，最后是用材林。

表 6-2　2000—2010 年云南省造林情况统计　　　　　　　单位：$10^2 \ hm^2$

年份	造林总面积	其中					经济林占造林面积比例/%
		用材林	经济林	防护林	薪炭林	特种用途林	
2000	430 645	144 407	138 045	140 670	5 632	1 891	32.06
2001	335 036	89 236	104 529	138 220	2 168	883	31.20
2002	402 293	68 236	74 300	255 282	3 393	1 082	18.47
2003	495 135	83 737	90 962	318 492	1 010	934	18.37
2004	228 184	31 016	31 003	149 571	16 172	422	13.59
2005	207 923	34 847	39 270	132 475	1 331	0	18.89
2006	157 994	30 187	91 776	35 711	27	300	58.09
2007	319 223	37 968	181 681	98 008	67	1 499	56.91
2008	566 135	41 575	408 078	115 482	67	933	72.08
2009	713 478	87 995	481 500	142 097	623	1 263	67.49
2010	661 500	71 629	481 529	106 055	1 125	1 162	72.79

以 2010 年为例，云南省不同林种造林面积占造林总面积比例如图 6-3 所示。其中，经济林占 72.79%，防护林占 16.03%，用材林占 10.83%，薪炭林占 0.17%，特种用途林占 0.18%。

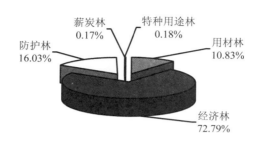

图 6-3　2010 年云南省不同林种造林面积占造林总面积比例

进一步分析 2000—2010 年云南经济林及防护林占造林面积比例变化，10 年间经济林占造林面积的比例不断攀升，防护林比例不断下降，可见云南林业产业发展，虽逐年造林面积不断攀升，但造林以经济林建设为主，防护林建设有待提高。

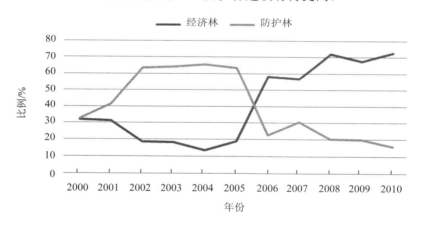

图 6-4　2000—2010 年云南省经济林及防护林占造林面积比例

橡胶林。近年来，云南省橡胶种植面积总体大幅度攀升，从 1976 年的 32.1 万亩增加到 2006 年的 312.2 万亩，增长了近 10 倍。橡胶林基地集中分布在滇西南、滇南地区，其中，云南西双版纳和红河州等具有国际意义的生物多样性热点地区也分布有大量橡胶林基地，位于文山州的橡胶林基地同时也是石漠化防治区。橡胶林大面积种植不仅破坏当地的种植结构，使植被均一化，降低生物多样性，而且导致土壤退化，降低森林的水源涵养能力。

纸浆林。近年来，云南省大规模引种桉树，建设造纸原料基地。截至 2008 年年底，云南种植桉树 200 多万亩，贵州省"十一五"林业发展规划明确提出，在南北盘江、红水河流域建设以桉树为主的 100 万亩速生丰产林基地。这些区域是云贵地区重要的水源涵养地，桉树大规模的种植将会导致区域土壤退化、林地水源涵养功能下降、生物多样性降低等生态环境问题。

6.2.2.3 典型区案例

西双版纳森林植被的变化趋势可作为云南省植被变化的一个缩影。由表 6-3 可以看出，森林面积从 1952 年的 105.6 万 hm² 增加到 1994 年的 113.3 万 hm²，西双版纳热带森林覆盖率 1994 年已增至 60%，而天然林（指原始森林）面积却从 1952 年的 105 万 hm²，占当时森林总面积的 99%，下降到 1994 年的 30 万 hm²，仅占森林总面积的 26%，42 年来天然林（原始森林）减少了 75 万 hm²。虽然森林总面积有所回升，但主要是人工林，天然林面积仍呈降低趋势。

表 6-3 西双版纳热带森林面积变化

年份	森林		天然林	
	总面积/万 hm²	覆盖率/%	面积/万 hm²	比率/%
1952	105.6	55	105.0	99
1980	—	30	56.6	—
1985	—	—	40.0	—
1994	113.3	60	30.0	26

注："—"表示无数据。

贵州的普定县 1958 年耕地面积占全县土地总面积的 31.94%，林地占 32.12%，林地略多于耕地；而在 1978 年，耕地增加至 54.52%，林地降至 8.69%。20 年间平均每年增加耕地 459.47 hm²，减少林地 476.6 hm²，成为"耕地进，林地退"的典型事例之一。

综上所述，从云贵两省近 50 年来森林资源的消长变化可知，云贵两省森林面积和森林蓄积都经历过由高至低，再由低恢复和发育到高的复杂过程。两省森林面积变化均表现出较大幅度的增长和持续增长的特点，森林覆盖率明显提高，主要是人工林，天然林的数量并未增加，由于人工林群落结构简单，其稳定性与生态功能较天然林差。非林地面积比例较大，但呈降低趋势，防护林和特用林面积有所增加，有利于发挥森林的生态效益，喀斯特地区的林地增长和非林地减少幅度略高于非喀斯特地区。

6.2.3　草地资源现状与趋势

6.2.3.1　草地植被现状

云贵地区草地植被类型包括高山草甸、亚高山草甸、山地草甸、低地草甸、山地丘陵草丛、山地丘陵灌木草丛和山地丘陵疏林草丛等。草地生态系统为家禽等提供了天然草场，在涵养水源、保持土壤、净化环境等方面具有重要作用。云贵地区草地生产力一般较我国北部地区的草地、草原生产力要高，但草地质量较差，草地的蛋白质含量低而草质粗糙。同时近年来过度放牧、旅游、矿产资源开采等现象，使草地植被受到严重破坏。

云南省草地面积为 1 330.39 万 hm^2，其中人工草地为 21.63 万 hm^2，占草地总面积的1.63%；改良草地为 16.30 万 hm^2，占草地总面积的 1.23%；可利用草场为 899.72 万 hm^2，占草地总面积的 67.63%。按照地理分布规律，云南省的草地以北部和南部地区分布广，且面积较大；中部也有零星分布，但面积较小，且多与农地和林地镶嵌分布。在云南省 16个地（州、市）中，以迪庆州的草地面积最大，昭通地区次之，分别占云南省草地面积的47.57%和14.84%；其余地区分布面积较少。

贵州省山区草山草坡分布广泛，草地面积为 597.86 万 hm^2，占贵州省土地总面积的33.9%。其中，可利用草地为 505 万 hm^2，占草地面积的 84.4%；成片草地为 203.82 万 hm^2，占草地面积的 34.1%。贵州省成片草地分布以西南部和南部最大，占土地总面积的 15%以上，北部和西部占 10%以下。

6.2.3.2　草地资源动态变化

草地面积不断减少，共减少 200.45 万 hm^2，平均每年减少 15.42 hm^2。另外，可利用草地面积减少得更多，达 292.88 万 hm^2，平均每年以 22.53 万 hm^2 的速度递减。人工草地建设平均每年仅以 1 万 hm^2 的速度增加。草地面积和可利用草地面积的减少主要是开垦和工矿交通等建设行为占用草地所致。

草地植物种类日趋减少，而威胁草地质量的杂草却大量繁生。危害较大的杂草，如紫茎泽兰、翻白叶、蕨类、飞机草、狼毒、乳浆大戟、白茅、扭黄茅等繁殖较快，也成为许多草地的优势种群。

6.2.4 生物多样性现状及趋势

6.2.4.1 物种多样性

（1）云贵地区植物种类极其丰富

物种起源古老，特有种属多；区系的地理成分复杂，联系广泛。云南省有高等植物16 360种，占全国高等植物总数的46.8%，其中苔藓植物1 500种，蕨类植物1 500种，裸子植物82种，被子植物13 278种。云南省有珍稀濒危植物70科124属154种，其中包括蕨类8科8属8种，裸子植物7科14属21种，被子植物55科102属125种。云南有国家级重点保护野生植物121种（类），其中Ⅰ级23种（类），Ⅱ级98种（类）。贵州已查明种子植物227科1 276属4 761种，占全国高等植物种数的13.6%，其中被子植物217科1 246属4 707种，占全国高等植物种数的13.5%，国家级重点保护植物71种，占总数的28.9%，其中国家Ⅰ级保护植物16种，国家Ⅱ级保护植物55种。

云贵地区蕴藏着丰富的药用植物、观赏植物和经济林木资源，由于民族传统文化、利益驱使等原因，偷挖盗采现象仍有发生，严重威胁着植物资源的生存。

（2）云贵地区动物物种种类丰富

动物起源古老，特有种属多。云南省有动物168科730属1 957种，占全国总数的52.8%，其中哺乳类307种，鸟类848种，两栖类116种，爬行类164种，鱼类522种。云南省有国家重点保护野生动物216种，其中Ⅰ级保护动物20科37属54种，Ⅱ级保护动物45科102属162种。另有省级重点保护动物20科31属37种。贵州省有高等脊椎动物860种和亚种，其中哺乳类29科79属149种，鸟类51科195属441种，两栖类10科20属60种，爬行类13科43属99种，鱼类12科67属111种。国家级重点保护的野生动物83种，其中，国家Ⅰ级重点保护动物14种，占全国Ⅰ级重点保护动物的13%；国家Ⅱ级重点保护动物69种，占全国Ⅱ级重点保护动物的25.7%。

云贵地区盗猎现象仍有发生，盗猎者布设的盗猎套严重威胁着野生动物的安全。

6.2.4.2 生物多样性热点地区现状

1）国际环保组织"保护国际"（Conservation International，CI）在全球划定了34个生物多样性保护热点地区，我国的西南山地地区是34个热点地区之一，西起西藏东南部，穿过川西地区，向南延伸至云南西北部，向北延伸至青海和甘肃的南部，这里拥有12 000多种高等植物和大约50%的鸟类和哺乳动物。

滇西北全境不同地段仍保留了森林、湿地（高原湖泊、沼泽等）、灌丛、草甸和流石滩等生态系统。植被从低海拔到高海拔依次为：南亚热带季风常绿阔叶林、中亚热带半湿润常绿阔叶林、暖温性针叶林、中山湿性常绿阔叶林、硬叶常绿栎林、温带落叶阔叶林、寒温性针叶林、高山草甸（高山灌丛）、高山流石滩等，组成了非常明显而完整的山地垂直带谱。行政区域包括云南省迪庆州的德钦、香格里拉、维西县，怒江州的贡山、福贡、泸水、兰坪县，大理州的大理市和宾川、剑川、鹤庆、洱源、云龙县，丽江市的古城区和宁蒗、玉龙县，保山市的隆阳区和腾冲县，共 5 州（市）18 县（市、区）。滇西北有高等植物 10 198 种（含种下等级），占云南的 55.7%，其中国家级重点保护植物有 49 种。在野生植物中具有经济价值的种类繁多，有用材树种达 200 余种、药用植物有 2 000 余种、饲用植物有 400 余种，以及大量的油料植物、香料植物、野生花卉、野生蔬菜等。滇西北大型真菌种类丰富，特有种多，云南 350 种食用菌中，有 180 种在滇西北有分布，占全省的 51.4%。经济价值高且分布普遍的食用菌近 80 种。滇西北有脊椎动物 1 017 种，包括 184 种哺乳动物、580 种鸟类、65 种爬行动物、49 种两栖动物和 139 种鱼类。脊椎动物种数占云南种数的 52.1%，占中国种数的 24.3%，其中国家 I 级重点保护动物有 32 种，国家 II 级重点保护动物有 84 种。滇西北物种特有性高，是中国三大特有物种起源和分化的中心之一，区内分布的高等植物中，中国特有种超过 50%，横断山区特有种约占 30%，滇西北地区狭域特有种有 910 种。分布有中国特有属 72 个，占全国的 28%；滇西北地区狭域特有属就有 12 个。滇西北是世界著名的模式标本产地，植物模式标本产于本区的逾 1 500 种。在全区 878 种陆生脊椎动物中，有 200 种属于喜马拉雅—横断山区特有种，是全球海拔分布最高、最为珍稀的灵长类动物——滇金丝猴的主要分布区。

滇西北是世界野生花卉和观赏植物的分布中心。滇西北分布有 83 科 324 属 2 026 种野生花卉和观赏植物。全球杜鹃花属植物有 850 种，中国有 470 种，滇西北地区逾 200 种；报春花属植物 500 种左右，中国有 293 种，滇西北逾 100 种；龙胆科植物分布约有 100 种，约占全国的 1/3，全世界的 1/8；同时还是马先蒿、绿绒蒿的分布中心。云南八大名花在滇西北均有分布，花卉植物的种质资源是滇西北最重要的资源之一，是云南发展花卉产业的资源保障。

2）云贵地区范围内具有国际意义的陆地生物多样性关键地区除滇西北高山峡谷地区外，还有湘黔川鄂边界山地地区和云南西双版纳地区。

贵州铜仁梵净山国家级自然保护区位于湘黔川鄂边界山地区域内，据不完全统计，保护区内有植物种类 277 科 795 属 1 955 种，其中，裸子植物 6 科 14 属 19 种，占全国种类数的 9.5%，种子植物 144 科 460 属 1 155 种，占全国种类数的 4.6%；苔藓类 50 科 127 属

245 种，占全国种类数的 11.1%；蕨类 38 科 85 属 183 种，占全国种类数的 7.0%，大型真菌 45 科 123 属 372 种，占全国真菌数的 4.7%。梵净山地区域拥有东洋界的华中、华南和西南三个区系成分的动物。梵净山自然保护区已初步记录在案的动物有 800 多种，其中兽类 8 目 23 科 68 种，占全国种类数的 13.6%；鸟类 16 目 39 科 191 种，占全国的 6.2%；爬行类 3 目 9 科 41 种，占全国的 10.9%；两栖类 2 目 8 科 34 种，占全国的 12.2%；鱼类 4 目 9 科 48 种，陆栖寡毛类 2 科 21 种；昆虫 18 目，目前已知 400 多种。珍稀动植物以黔金丝猴和珙桐最具代表性。

云南西双版纳自治州有我国目前保存最完好的热带雨林分布区。海拔从低到高植被类型依次为季节性雨林（800 m 以下）、山地季节性雨林（800～1 000 m）、山地常绿阔叶林（1 000～2 000 m）。本区有高等植物 5 000 多种，约占全国种类的 1/6，动物种类 2 000 多种，占全国的 1/4，绝大部分灵长类和灵猫类集中于此，种群数量也较大，多为树栖类和热带森林的类群，如野象、印度野牛、白颊长臂猿、鼷鹿、印支虎等都是国家Ⅰ级保护动物，已知鸟类 427 种，两栖类 38 种，爬行类 60 多种，鱼类 100 种，昆虫近 1 500 种，还有许多未鉴定的种类。植物种中有经济价值的物种很多，如野生稻、野茶树、野荔枝、野芒果、野砂仁、野苦瓜、野黄瓜、野三七和野油茶等有很大的利用潜力。

3）云南洱海区域、贵州威宁草海区域是我国湿地和淡水水域生物多样性关键地区。

洱海国家级自然保护区位于大理白族自治州境内，洱海是云南第二大淡水湖，湖面周围山地环绕，植被破坏严重，湖滨为农业区域，水生植被中挺水群落主要建群种有芦苇（*Phragmites australis*）、菱草（*Zizania caducifolia*）、六蕊稻草（*Leersia hexandra*）、酸模叶蓼（*Polygonum lapathifolium*）、喜旱莲子草（*Alteranthera philoxeroides*），浮水群落有槐叶萍（*Azolla imbricata*）、眼子菜（*Potomogeton distinctus*）、荇菜（*Nymphodes peltatum*）、野菱（*Trapa incisa*），沉水群落有黑藻（*Hydrilla vert icillata*）、苦草（*Vallisneria spiralis*）、穗状蝴尾藻（*Myriphyllum spicatum*）、竹叶眼子菜（*Potamogeton malaianus*）、微齿眼菜（*Potamogeton maackianus*）、篦齿眼子菜（*Potamogeton pectinatus*）、菹草（*Potamogeton crispus*）、海菜花（*Ottelia acuminata*）和金鱼藻（*Ceratophyllum demersum*）等。其中黑藻分布最广，它不但组成湖中面积最大的植物群落，而且也是其他群落的组成成分，并组成湖中最深水区的植物群落。洱海水生维管束植物共有 61 种，是云南高原湖泊水生植物最丰富的湖泊，它遭到的破坏较轻，动物方面水禽有 59 种，底栖动物有 48 种，鱼类有 30 种。外来入侵物种凤眼莲（*Eichhornia crassipes*）在洱海已建群。由于山地植被遭受严重破坏，水上冲刷堆积湖中威胁湖水生态安全；农地施肥和使用农药污染水域越来越严重，也使湖中植物和鱼类等受到威胁；大量引入外来鱼种和植物，如凤眼莲对整个湖泊和物种产生有害影响；

过分利用生物资源以及随着富营养化的发生，大量有害植物的滋生也是不利因素。

图 6-5 区域生物多样性保护热点地区分布图

黑颈鹤为威宁草海国家级自然保护区重点保护动物。水生高等植物群落类型复杂，挺水植物群落占主要地位，水葱（*Scirpus validus*）、蔍草（*Scirpus tripueter*）、水莎草（*Juncellus serotinus*）和李氏禾（*Leersia hexandra*）为多，浮叶植物群落中荇菜（*Nymphoides peltata*）、两栖蓼（*Polygonum amphibium*）占优势，沉水植物群落以金鱼藻（*Ceratophyllum demersum*）、光叶眼子菜（*Potamogeton lucens*）和海菜花（*Ottelia acuminata*）为主，浮游动物、底栖动物、鱼类、两栖爬行和鸟类也不少。

6.2.4.3 生物多样性保护现状

（1）加快法规制定工作

云南省在贯彻和执行国家制定的法律法规的同时，结合云南的实际，加快了自然保护区管理的法规制定工作。几年来，先后制定和颁布了《云南省环境保护条例》《云南省自然保护区管理条例》《云南省绿化造林条例》《云南省农业环境保护条例》《云南省风景名胜区管理条例》《云南省施行〈森林法〉及其实施细则的若干规定》《云南省珍贵树种保护条例》《云南省陆生野生动物保护条例》《云南省珍稀、濒危保护动物名录》《云南省重点保护植物名录》《云南省珍稀濒危植物管理办法》《云南省种畜禽管理办法》《云南省森林和野生动物类型自然保护区管理细则》等一系列法规和部门规章。部分州、县还结合本地的特点和实际制定了更具体的保护法规和规章，如《西双版纳自然保护区管理条例》《西双版纳野生动物保护条例》《文山州森林和野生动物类型自然保护区管理条例》等。列为云南省重点保护的九大高原湖泊，也都制定了保护条例，做到了"一湖一法"。一些国家级自然保护区也制定了保护条例、管理办法，实现了"一区一法"。全省现已初步形成了以国家和省颁布的法律、法规为保证，由各级政府、有关部门和社区群众参与、通力协作的生态环境保护体系，并逐步向法制化、制度化方向发展。

自1992年以来，贵州省先后颁布了《贵州省陆生野生动物保护办法》《贵州省重点保护野生动物名录》《贵州省重点保护珍贵树种名录》《贵州省实施〈森林和野生动物类型自然保护区管理办法〉细则》。并制定了与国家Ⅰ、Ⅱ级保护野生动（植）物猎捕（采集）、驯养繁殖、运输、出售、收购、加工及进出口等方面的行政许可制度。使野生动植物保护和自然保护区建设管理工作基本做到了法制化、规范化。为贯彻落实国务院办公厅《关于加强生物物种资源保护和管理的通知》精神，根据《全国生物物种资源保护与利用规划纲要》，贵州省环境保护厅组织开展了《贵州省生物物种资源保护与利用规划》编制工作，由贵州省科学院组织各学科专家承担规划编制工作。目前已完成规划及12个子规划，经专家组评审及征求相关部门意见，现正报贵州省政府审批。

（2）加大执法力度

在监督管理方面，云南省加大了执法力度，认真查处了猎杀、倒卖、走私珍贵野生动植物和破坏自然保护区资源的案件。近年来云南全省在查处破坏野生动植物和自然保护区案件的同时，加强了自然保护区建设项目环境影响评价的实施力度。目前，云南省内涉及自然保护区的大型工程，大都按法律程序在前期工作中开始履行评价与审批制度，如澜沧江梯级开发中的景洪电站建设，其淹没区将回水到西双版纳保护区内；大朝山至昆明高压线路横穿哀牢山保护区的输电工程等，通过环境影响评价，在前期的设计工作上采取了积极措施，维护了自然保护区的安全。

（3）自然保护区、森林公园和风景名胜区在生物多样性保护中发挥积极的作用

截至2010年年底，云南省建立各种类型、不同级别的自然保护区有162个（其中国家级16个、省级44个、州市级59个、县级43个），总面积达296万 hm^2，占全省国土面积的7.55%，低于全国自然保护区12.88%的平均水平，位居全国自然保护区数量第六位，面积位居全国自然保护区总面积第九位。基本形成了布局合理、类型较为齐全的自然保护区网络体系。

云南省现有省级以上森林公园 40 个，其中国家级森林公园 28 个，省级森林公园 12 个；国家级、省级风景名胜区 65 个，其中国家级风景名胜区 12 个，省级风景名胜区 53 个；世界级地质公园 1 个，国家级地质公园 5 个。

截至 2010 年年底，贵州省共建立自然保护区 130 个，面积 96.02 万 hm^2，约占全省国土面积的 5.46%。其中，国家级自然保护区 9 个，省级 4 个，地市级 21 个，县级 96 个。在现有自然保护区中，属森林生态系统、野生动物、野生植物类型 120 个，内陆湿地类型 8 个。

贵州省建有省级以上风景名胜区 34 个，面积达 102.09 万 hm^2，约占全省国土面积的 3.2%；其中，国家级重点风景名胜区 15 个，省级风景名胜区 19 个。有森林公园 70 个，面积为 25.4 万 hm^2，约占全省国土面积的 1.5%；其中，国家级 21 个，省级 31 个，县级 18 个。建有地质公园 12 个，面积为 26.34 万 hm^2，约占全省国土面积的 1.5%，其中，国家级 8 个，省级 3 个，国家矿山地质公园 1 个。

总体来看，云贵地区自然保护区的规模有所扩大，但类型不全，面积仍需进一步提高，仍有部分国家级重点保护野生动植物未纳入保护区的保护范围；自然保护区建设管理水平有所提高，取得了一定成效，但投入不够，仍受到许多因素制约。

6.2.4.4　生物多样性演变趋势

（1）生物多样性保护形势依然严峻

据"保护国际"2011 年报告显示，中国西南山区，由于过度放牧、非法捕猎等原因，目前大约只有 8%的森林仍保持原始状态。野生动植物丰富区面积不断减少，珍稀野生动物栖息地环境恶化，珍贵野生药用植物数量锐减，生物资源总量下降。如西双版纳对热带雨林不合理的开发利用，森林植被遭受破坏，天然林覆盖率从新中国成立时的近 80%下降到现在的 73%左右。随着橡胶产业的发展，橡胶林不断增长，目前已达到 27.5 万 hm^2 左右，占整个森林面积的 15%左右，天然林的减少，使野生动植物的生存空间受到挤压，有些物种已经灭绝或濒危。据《中国物种红色名录（2004）》评估显示，我国有 34 种种子植物和动物灭绝（包括野外灭绝和地区灭绝），其中，云南特有或云南曾分布的物种高达 13 种（不含小齿灵猫），占全国灭绝物种总数的 38.2%，其中灭绝 8 种、野外灭绝 3 种、地区灭绝 2 种。由此可见，云南是我国物种灭绝的高发地区。另外，犀鸟、长臂猿、懒猴等已很少见到；滇西北一带的红豆杉，由于药用价值高，已成了"濒危"物种；具有观赏价值的兰花，由于过度开采，资源量急剧下降。

（2）自然保护区体系有所加强

自然保护区作为生态保护工作的主要载体，保护了绝大多数具有典型意义的生态系统、物种和遗传资源。从 20 世纪 50 年代起，云南开始自然保护区的建设和管理。到 2010 年年底，较 1999 年自然保护区的 112 个（国家级 8 个，省级 48 个，地县级 56 个）增长了 50 个，保护区面积增长 66 万 hm²，自然保护区的保护和管理能力得到显著提升。

到 2010 年年底，贵州省较 2004 年增加了 2 个国家级自然保护区和 1 个省级自然保护区，自然保护区的保护和管理能力得到一定的提升。

截至 2010 年年底，云贵地区已建立 288 个自然保护区，包括国家级自然保护区 25 个，省级自然保护区 48 个，地（州、市）级自然保护区 78 个，县级自然保护区 137 个，自然保护区总面积达到 391.76 万 hm²，约占云贵地区国土面积的 6.90%。自然保护区主保护区类型有森林生态系统类型、灌丛和灌草丛生态系统类型、草地生态系统类型、湿地生态系统类型、岩溶山地生态系统类型、干热河谷生态系统类型、地质遗迹生态系统类型、珍贵野生动物类型和珍贵野生植物类型等。通过覆盖较全面的各类自然保护区建设，到目前为止，云贵地区区域内亚洲象、印支虎、云豹、鼷鹿、滇金丝猴、黑长臂猿、黑叶猴、黔金丝猴、黑鹳等国家级重点保护野生动物和望天树、云南红豆杉、珙桐、云南肉豆蔻、华盖木、伯乐树、贵州苏铁等国家级重点保护野生植物绝大多数在自然保护区里得到较好的保护，同时现有自然保护区基本涵盖了本地区天然林区生物多样性最丰富的精华之地，使得云贵地区区域内各类生态系统类型得到了有效的保护。

（3）森林公园在生物多样性保护的过程中发挥着不可替代的作用

云贵地区现有省级以上森林公园 92 个，其中国家级森林公园 49 个，省级森林公园 43 个。各级森林公园的建立，对区域内重要的森林景观和野生动植物栖息地进行了有效保护。云贵地区有省级以上风景名胜区 99 个，其中国家级风景名胜区 27 个，省级风景名胜区 72 个。云贵地区区域内的风景名胜区涵盖了各种气候带，形成了多姿多彩的动物、植物、地质、地貌，具有独特的边境异国风光、热带雨林、溶洞石林、高原湖泊、冰川雪景、火山地热以及独有的民族文化和民族风情。

（4）区域受外来物种入侵形势严峻

云贵地区是我国遭受外来生物入侵最为严重的地区之一，入侵的外来物种涉及动物、植物和微生物等，种类多、危害重。

在环境保护部发布的中国第一、第二批外来入侵物种名单中，云南省分布的动物有非洲大蜗牛、福寿螺、牛蛙、稻水象甲、克氏原螯虾、三叶草斑潜蝇、松材线虫 7 种，植物有紫茎泽兰、空心莲子草、毒麦、飞机草、凤眼莲、假高粱、马缨丹、大薸、蒺藜草、银胶菊、土荆芥、刺苋、落葵薯 13 种，占总种数的 57%。

贵州省共有 14 种，其中动物有牛蛙、克氏原螯虾、稻水象甲、松材线虫 4 种，植物有紫茎泽兰、空心莲子草、毒麦、飞机草、凤眼莲、大藻、银胶菊、土荆芥、刺苋、落葵薯 10 种，占总种数的 40%。

相关单位提供的数据表明，近 20 多年来，云南植物检疫机构先后从 20 多个国家和地区进口的植物和农副产品中截获疫情上万批次、有害生物 500 多种。例如由于引入原产黑龙江的鲤鱼、元江的华南鲤、锦鲤、欧洲的鲤鱼等外来物种，导致云南星云湖中的国家 II 级保护动物纯种大头鲤灭绝，现生鲤鱼多为大头鲤及多种鲤鱼的杂交后代。

6.2.5　土地利用现状及趋势

6.2.5.1　土地利用结构

由 2010 年云南、贵州两省遥感影像解译数据可知，两省土地总面积达 559 145.04 km^2，其中，耕地面积为 115 891.09 km^2，占云贵两省总面积的 20.73%；林地面积最多，为 399 042.66 km^2，所占比例最大，高达 71.37%；草地、水域分别占两省土地总面积的 5.66%、1.04%；建设用地面积较少，为 5 342.82 km^2，占两省土地总面积的 0.96%；未利用地面积最少，所占比例仅为 0.25%。根据国家统计局 2010 年第六次全国人口普查数据，云贵两省常住人口数为 8 081 万，预测到 2020 年，两省总人口将增加 464 万，未来可供开发的未利用地面积严重不足。

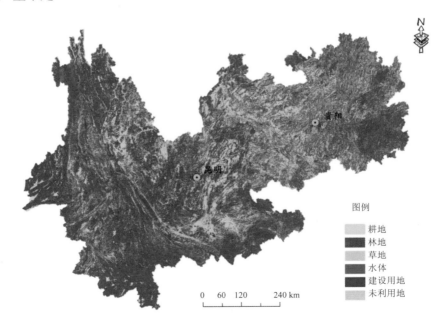

图 6-6　云贵两省土地利用现状

表 6-4　云贵两省 2010 年土地利用现状　　　　　　　　　　　　　单位：km²

土地利用类型	云南	贵州	总面积	占土地总面积比例/%
耕地	67 340.94	48 550.15	115 891.09	20.73
林地	285 170.43	113 872.23	399 042.66	71.36
草地	20 604.80	11 050.50	31 655.30	5.66
建设用地	3 693.66	1 649.16	5 342.82	0.96
水域	4 915.80	876.83	5 792.63	1.04
未利用地	1 362.33	58.21	1 420.54	0.25
总计	383 087.96	176 057.08	559 145.04	100.00

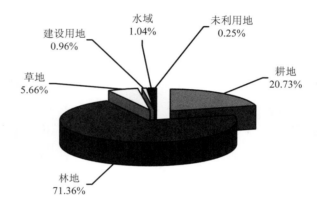

图 6-7　云贵两省 2010 年土地利用结构

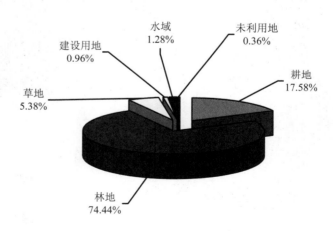

图 6-8　云南省 2010 年土地利用结构

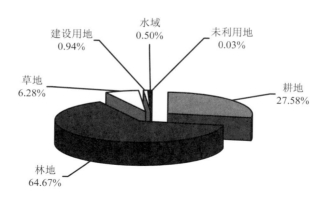

图 6-9　贵州省 2010 年土地利用结构

6.2.5.2　土地利用格局

从云南省的土地利用分布来看，普洱、曲靖、红河、文山等市州耕地面积较大，昭通、文山、曲靖、临沧四市州垦殖率超过 20%，高于全省平均值；昆明、曲靖、红河、大理等地建设用地面积较大，昆明、曲靖建设用地面积占土地总面积比例较高，这与当地的经济社会发展水平有一定关系；林地集中分布在滇西北的迪庆、丽江、大理、怒江和滇南的西双版纳、思茅，而文山、曲靖、昭通等分布较少；草地主要分布在长江、澜沧江、红河等主要河流的源头和上游；全省的未利用土地中，红河州、文山州、普洱市、楚雄州等面积较大。

从贵州省的土地利用分布来看，毕节市耕地分布面积最大，占全省耕地面积的 21.73%，其次是遵义市、黔南州、铜仁市、黔西南州、黔东南州、六盘水市、安顺市，贵阳市在贵州省中耕地面积最少，仅占 5.79%；林地主要分布在贵州省东部、东南部、东北部，尤其是黔东南山地河谷地区的黎平县、锦屏县、从江县、雷山县等，西部地区包括毕节市、六盘水市、安顺市、黔西南州林地分布较少；牧草地主要分布在黔西南州和黔南州，其次是铜仁市、遵义市、安顺市、六盘水市，毕节市和贵阳市牧草地分布最少；建设用地主要分布在贵阳市、遵义市和六盘水市；黔南州、毕节市未利用地面积较大。

6.2.5.3　土地利用特点

土地利用分布具有十分明显的山原特点。云南省是云贵高原的主体，垂直地带性明显，从低海拔地区到高海拔地区大致可分为低热、中暖、高寒三层，各层土地利用方式独特，各类用地分布范围广，海拔跨度大，有世界橡胶种植的纬度与海拔上限和水田分布的海拔上限，形成了各类用地分布十分零散的特点。土地利用分布的山原特点，是云南省发展多种经营的基础。贵州省处于云贵高原东侧斜坡地段，地貌主题为亚热带岩溶化高原山区，是全国唯一一个没有平原地貌的内陆省份。境内山岭纵横，河流深切，素有"八山一水一分田"之说，山地面积占全省总面积的71.34%，具有低纬度高海拔、立体气候明显的地理特点。

（1）土地利用类型丰富多样，林地比重较大

云南省土地利用类型丰富多样，既有热带、亚热带用地类型，又有温带和高原寒带用地类型；既有集约经营的坝区高产稳产农田，也有利用不合理、产量很低的山区轮歇地，还有较为特殊的石山灌丛、石山草坡。丰富多样的土地利用类型，给云南省农林牧多种经营、全面发展提供了有利条件。贵州省也具有优越的植被生长条件和广阔的林地资源。在贵州省土地总面积中，林地占一半以上，成为土地利用的主体。

（2）土地利用制约因素多

云贵两省受地貌、气候和水热条件的综合影响，土地利用制约因素较多。云南省土地利用最大的制约因素是山地地貌。首先，全省15°以下的坝子和缓坡、丘陵约占土地总面积的20.9%，是人口、城镇、工矿和耕地集中分布的主要区域，人均不足3亩，低于我国一些东部省份；全省25°以上的陡坡土地占全省土地总面积的近40%，可供建设和耕作的土地资源相对不足。其次，田高水低，水土资源时空分布不均匀，农田水利建设成本高，滇中地区严重缺水，滇东南喀斯特地形众多，全省大部分地区水土流失严重，易遭受滑坡、泥石流等灾害威胁等因素，也限制了林牧业和城镇、交通的建设与发展，加剧了人地矛盾。贵州省受喀斯特地区特殊地质条件的影响，生态环境十分脆弱，水土流失、石漠化严重，尤其是毕节、六盘水、安顺等地区问题比较突出。省内山高、陡坡、降雨频繁且集中，地质灾害频发，是我国地质灾害的多发区和易发区，也是我国地质灾害最严重的省份之一，全省地质灾害高易发区8个，面积达379万 hm^2，占全省土地总面积的21.5%。

6.2.5.4　土地利用动态变化分析

2000—2010年，云贵两省的土地利用动态变化较为复杂，从2000年、2005年及2010年的土地利用数据对比情况可以看出，总体上草地、耕地、未利用地面积呈现不同程度的减少，其中草地减少幅度较大；林地、建设用地、水域面积呈现不同程度的增加，其中林地面积增幅较大，10年间共增加87 050.59 km^2。各土地利用类型总体变化态势见图6-10。

表 6-5　2000—2010 年云贵两省土地利用面积变化　　　　　单位：km²

土地利用类型	2000 年	2005 年	2010 年	2000—2005 年	2005—2010 年	2000—2010 年
耕地	118 605.41	122 002.21	115 891.09	3 396.81	−6 111.12	−2 714.31
林地	311 992.07	305 581.80	399 042.66	−6 410.27	93 460.86	87 050.59
草地	120 565.00	119 785.22	31 655.30	−779.78	−88 129.92	−88 909.69
建设用地	2 643.74	4 765.09	5 342.82	2 121.35	577.73	2 699.08
水域	3 226.76	5 747.45	5 792.63	2 520.69	45.18	2 565.87
未利用地	2 177.02	1 334.84	1 420.54	−842.18	85.70	−756.48

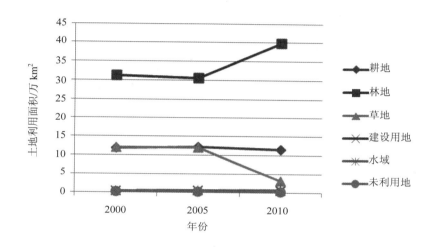

图 6-10　2000—2010 年云贵两省土地利用总体变化态势

（1）云南省草地、耕地面积持续减少，林地、水域面积大幅增加，建设用地面积缓慢增长

2000—2010 年的 10 年间，云南省耕地总面积下降 1 508.96 km²，年均减少耕地 150.9 km²，表明云南省近些年来实施西部大开发退耕还林工程已经取得了一定成效，建设占用耕地较多，而且所占用的多为生产条件好、产量较高的平田和平地。据统计，林地由 2000 年的 218 551.13 km² 增加到 2010 年的 285 170.43 km²，年均净增加 0.67 万 km² 林地，表明全省实施退耕还林、荒山绿化造林工作取得了一定的成效，并促进了云南林业经济的可持续发展，更好地发挥了云南山地资源的优势。2000—2010 年，未利用土地共减少了 774.13 km²，减少的主要原因是部分宜农未利用地得到开发利用，转化为林地、耕地、园地、牧草地等农用地，部分宜建未利用地转化为建设用地。随着土地开发力度的增强，未利用地面积还将有较大程度的下降。建设用地所占比重不大，两者合计占全省土地总面积

的比例由 2000 年的 0.53%增加到 2010 年的 0.97%，主要是由于城镇化、工业化发展的推进导致城镇面积的增加。

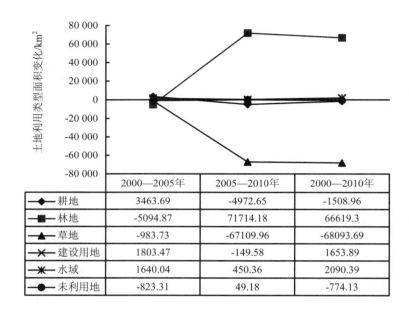

	2000—2005年	2005—2010年	2000—2010年
耕地	3463.69	-4972.65	-1508.96
林地	-5094.87	71714.18	66619.3
草地	-983.73	-67109.96	-68093.69
建设用地	1803.47	-149.58	1653.89
水域	1640.04	450.36	2090.39
未利用地	-823.31	49.18	-774.13

图 6-11 2000—2010 年云南省土地利用变化情况

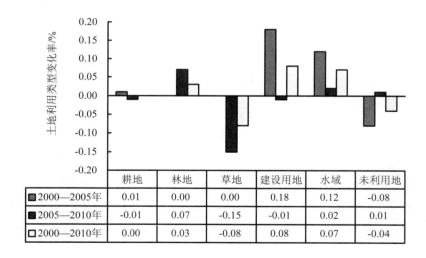

	耕地	林地	草地	建设用地	水域	未利用地
2000—2005年	0.01	0.00	0.00	0.18	0.12	-0.08
2005—2010年	-0.01	0.07	-0.15	-0.01	0.02	0.01
2000—2010年	0.00	0.03	-0.08	0.08	0.07	-0.04

图 6-12 2000—2010 年云南省单一土地利用动态度

（2）贵州省林地面积增长较快，建设用地面积所占比重略有增加，未利用地面积基本处于稳定状态

2000—2010 年的 10 年间，贵州省耕地总面积由 49 755.51 km² 下降到 48 550.15 km²，年均减少耕地 120.54 km²。主要原因是随着城市化水平的提高，建设（道路、城市、工矿、乡村等）占用耕地、农业结构调整、生态退耕（退耕还林还草等生态工程）、水土流失等导致耕地面积的减少。据统计，林地面积由 2000 年的 93 440.94 km² 增加到 2010 年的 113 872.23 km²，年均净增加 2 043.13 km²，主要源于在未利用地上植树造林和部分耕地退耕还林及近些年对现有林地的保护和管理的加强。2000—2010 年，未利用地共增加了 17.66 km²，整体上基本处于稳定状态。建设用地所占比重变化不大，占全省土地总面积比例由 2000 年的 0.34%增加到 2010 年的 0.94%，主要是由于城镇化、工业化发展的推进导致城镇面积的增加。

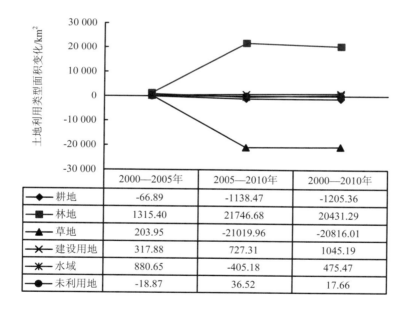

	2000—2005年	2005—2010年	2000—2010年
◆ 耕地	-66.89	-1138.47	-1205.36
■ 林地	1315.40	21746.68	20431.29
▲ 草地	203.95	-21019.96	-20816.01
✕ 建设用地	317.88	727.31	1045.19
✻ 水域	880.65	-405.18	475.47
● 未利用地	-18.87	36.52	17.66

图 6-13 2000—2010 年贵州省土地利用变化情况

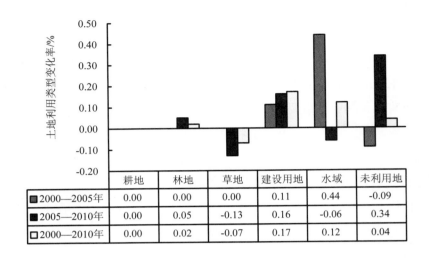

	耕地	林地	草地	建设用地	水域	未利用地
■ 2000—2005年	0.00	0.00	0.00	0.11	0.44	-0.09
■ 2005—2010年	0.00	0.05	-0.13	0.16	-0.06	0.34
□ 2000—2010年	0.00	0.02	-0.07	0.17	0.12	0.04

图 6-14　2000—2010 年贵州省单一土地利用动态度

6.2.5.5　云贵两省土地利用演变趋势

西部大开发第二个十年，云贵两省面临重大发展机遇。《中共中央　国务院关于深入实施西部大开发战略的若干意见》（中发〔2010〕11 号）将滇中、黔中作为重点经济区开发，将云南瑞丽作为重点开发开放实验区。2009 年 7 月，胡锦涛总书记关于使云南成为我国向西南开放的重要"桥头堡"的重要指示以及 2011 年 5 月《国务院关于支持云南省加快建设面向西南开放重要桥头堡的意见》（国发〔2011〕11 号）的出台，将云南的开放与发展提升到国家战略层面。2012 年 1 月 12 日，《国务院关于进一步促进贵州经济社会又好又快发展的若干意见》（国发〔2012〕2 号）的出台，将贵州的发展上升为国家战略层面，对贵州发展给予了全面有力的支持。

云贵两省山地、丘陵多，平坝地少，对两省适宜建设的土地面积进行估算，云南适宜建设面积为 19 860 km²，贵州适宜建设面积为 13 230 km²。根据区域城市建成区扩张速度、全国城镇化率与城市建成区面积增长关系推算，到 2020 年云南、贵州建设用地面积将分别达到 14 798 km² 和 14 639 km²。未来区域城镇化如果完全依照当前的发展模式推进，十年后云南省建设用地将占全省适宜建设用地的 62%，而贵州省城镇建设用地将十分紧张。若考虑到耕地数量和质量的保护，未来云贵地区城镇化用地需求将很难得到保证。为了保护平坝地区的耕地，云南提出"城市上山、工业上山"的土地开发战略，贵州提出开发低丘缓坡地土地利用战略。总体而言，云贵两省在未来的土地利用演变的趋势是：农用地面积增加，而耕地面积将略有减少；建设用地面积增加，而未利用地面积减少。

（1）云南省土地利用演变趋势

1）空间布局变化。按照云南省的经济布局、产业布局和土地利用现状，未来各类型土地的布局将呈现出新增城镇工矿用地主要分布在昆明、大理、曲靖、楚雄、红河、文山等市。新增交通水利用地主要用于铁路建设、高等级公路建设和机场建设，以及水源工程、滇中调水工程、水库水电工程等建设。耕地主要分布在各个坝区，滇西南、滇东南、滇西、滇中地区是耕地保护的重点地区。林地、园地、牧草地的主要布局不改变。

2）数量变化。根据云南省经济社会发展战略，云南省土地利用结构将有一定转变。农用地在未来时期内依然是云南省最主要的土地利用类型，但耕地面积及其比例将略有下降，林地、园地面积将有所提高。建设用地面积将有适度的增长，其中城镇用地和工矿用地增长较快，农村居民点用地面积略有下降，交通、水利等基础设施工程用地有所增加。未利用地将部分得到开发利用，从而导致面积下降。园地、林地、水域和生态湿地等具有生态功能的用地将有一定增长。

——耕地面积及比例将略有下降。长期以来，云南省高度重视耕地保护，特别是基本农田保护工作，严格落实耕地保护战略，保证粮食安全。在未来土地利用过程中，耕地面积总体将保持稳定，略有下降，主要是随着云南省城镇化、工业化进程加快，城市扩建和农村建房会占用部分耕地，同时交通、水利设施建设也要占用耕地。耕地主要流向是居民点和工矿用地、水利设施用地、林地、园地等。

——建设用地面积将适度增加。云南省在"十二五"期间要加快形成"一圈、一带、六群、七廊"的战略格局：将滇中城市经济圈培育成为云南省加快发展的引擎和区域协调发展的重要支撑点，将边境地区建设为云南省兴边富民、加快经济社会发展的增长带，将滇中核心城市群和滇西、滇东南、滇西北、滇西南、滇东北五个次级城市群打造成为带动各类中小城镇建设，同时依托昆明—河内、昆明—曼谷、昆明—仰光、昆明—密支那和吉大港四条对外开放经济走廊，以及昆明—昭通—成渝和长三角、昆明—文山—北部湾和珠三角、昆明—丽江—迪庆—滇川藏大香格里拉三条对内开放经济走廊，规划产业布局和区域物流中心布局，最大化发挥沿线地区经济潜力。随着规划战略布局的实施，未来建设用地面积的需求会增加，重点是城镇用地和空旷用地会增长较快，农村居民点面积旅游下降，交通、水利等基础设施用地会有所增加。

——未利用地面积将有较大幅度减少。在未来的发展过程中，未利用地会得到合理的开发利用。由于云南山地面积占全省国土面积的95%以上，地形地貌特别是用地，呈现为小、散、薄；"用地难"是山多地少的贵州省大力发展工业所面临的一大难题。在工业园区建设中为了缓解土地资源紧张的难题，云南省提出"城镇上山"、低丘缓坡土地综合开发利用战略，主要是开发丘陵地带、城市坝区的边缘地带、坡度不大的缓坡地带，即 8°～25°的坡地，特别是荒山荒坡等未利用地作为建设用地。

（2）贵州省土地利用演变趋势

根据《贵州省土地利用总体规划（2006—2020）》中土地利用战略定位分析，未来贵州省土地利用结构会有一定的变化，主要有以下两个方面：

1）耕地面积及其比例略有下降。为了确保贵州省人口和社会经济发展对农产品的要求，在未来土地利用过程中，严格落实耕地保护战略，保证粮食安全。基本农田主要布局在生产条件好、集中连片的高产、稳产田和有良好水利设施的耕地中。规划期间贵州省耕地减少面积控制在 22.73 万 hm^2 以内，将较 2010 年减少约 1.52%，其中农业结构调整减少耕地 10.43 万 hm^2，非农建设占用耕地控制在 9.30 万 hm^2，预计自然灾害损毁耕地 3.00 万 hm^2；通过土地开发、复垦、整理增加耕地面积 9.30 万 hm^2，其中，主要是通过耕地整理和废弃地、灾毁地的复垦增加耕地 6.7 万 hm^2，土地开发增加 2.6 万 hm^2。全省垦殖率从 25.57%下降到 2020 年的 24.81%。按照严格保护耕地的要求，规划耕地布局主要是在坝上、丘陵槽谷和缓坡地带。

2）园地、林地面积增加，牧草地保持原状。在未来发展规划中，贵州要建设黔北、黔东南、黔中、黔西南和黔南五个优质茶重点开发区，都柳江、清水江、南北盘江等低热河谷的优质柑橘和黔中、黔西南、黔东、黔西北落叶水果重点发展区，园地面积期望增加 3.72 万 hm^2，主要是来源于未利用地的开发。

《贵州省国民经济和社会发展第十二个五年规划纲要》中指出，要继续大力实施退耕还林、天然林保护、重点防护林、自然保护区建设、湿地保护和恢复、城郊绿化、森林抚育和林业绿色产业工程等，并将森林覆盖率和森林蓄积量列为"十二五"时期经济社会发展的主要目标之一。"十二五"期间，贵州省力争完成林业工程项目营造林 1 500 万亩；完成石漠化综合治理植被恢复 1 039 万亩；完成中幼林抚育 2 500 万亩；低效林改造 600 万亩。届时，全省森林覆盖面积将由 2010 年的 10 707 万亩增加到 13 000 万亩，森林覆盖率提升 4.48%，而林地面积的增加主要来源于在未利用地上植树造林。未来林业生产布局见表 6-6。

表 6-6 贵州省未来林业发展总体布局

	西部生态综合治理区	中部生态环境保护区	东部生态经济建设区
包含地区	毕节市、大方县、织金县、纳雍县、赫章县、威宁县，安顺市普定县，六盘水市所有县，黔西南州安龙县、普安县、晴隆县、兴仁县、兴义县、贞丰县	毕节市黔西县、金沙县，铜仁市沿河县、德江县、思南县，黔东南州凯里市、麻江县，黔西南州册亨县，遵义市除凤冈县、湄潭县、余庆县外其余县，黔南州除三都县外其余县	遵义县市的凤冈县、湄潭县、余庆县，黔南州的三都县，铜仁市除沿河县、德江县、思南县外其余县，黔东南州除凯里市、麻江县外其余县
生态建设主攻方向	大力实施退耕还林、石漠化综合治理工程、防护林工程	加大森林资源保护力度，巩固生态建设成果，进一步扩大森林面积，着力推进道路和城郊绿化	大力实施中幼林抚育和低效林改造，优化森林资源结构，提高林地生产力
产业发展的主攻方向	培养以核桃为主导产业的特色经济林；依托百里杜鹃、草海等森林公园、湿地公园和自然保护区，大力发展以花卉候鸟观赏和避暑休闲为主的生态旅游	支持竹浆产业和木材深精加工做强做大；大力发展花卉培育和桉树速丰林基地建设；依托龙架山、紫林山等森林公园，开展度假休闲、康疗健身等产品丰富的森林旅游	加快木浆造纸项目建设，大力发展木材深精加工，着力推进油茶产业发展，加快培育工业原料林和竹林

由于贵州省是农业省份，畜牧业不发达，只是从属地位，没有大型的专门的牧场，也很少有人工草场和改良草场，天然草场占 99%，未来主要是加快发展生态畜牧业，加大草场改良力度。整体牧草地面积趋于稳定状态，其中会有一部分草地由于林地的种植繁盛而改为林地，也有少量草地因水土流失、石漠化而变成未利用地，建设用地也将占用一部分。

3）适度增加建设用地。依据《贵州省国民经济和社会发展第十二个五年规划纲要》，2020 年，贵州省的城镇化率要达到 40%。因此，随着工业化、城镇化发展的推进，建设用地面积将会有适度的增加。

严格限制城镇工矿用地：2010 年贵州省人均城镇工矿水平为 93 m^2，规划到 2020 年人均城镇工矿水平为 97 m^2。贵州省城镇用地以形成特大城市和大城市为龙头、中小城市和重点小城镇为支撑的城镇体系主骨架目标，培育发展大中城市，积极发展中小城市，抓好部分基础条件好、发展潜力大的小城镇，促进大中小城镇协调发展的"一圈两轴二带"空间布局。

保障新农村建设用地：在规划期间，重点保障农业生产及农村社会事业的教育、卫生、计生、文化等设施用地，加强水利、通电、沼气等基础设施建设，安排新增农村居民点面积；同时，促进居民点适度集中，推进农村居民点的治理和整合，合理保障新农村建设用地。

增加交通、水利及其他用地，保障基础设施建设：规划期间全面建成以铁路、高速公路为骨架，铁路、公路、民航、水运等各种运输方式相协调，适应经济社会的安全、高速、可持续发展的综合运输体系。铁路形成"三纵三横"，重点是省出海通道、能源通道建设；民航形成以龙洞堡国际机场为中心的"一干十支线"省内民用航空运输网；水路运输形成以乌江为中心的"五江二河"水运通道，相应发展区间和库区航运，配套建设港口和航道支持保障系统。同时，重点实施黔中水利枢纽工程，农村饮用水安全、泵站更新改造、小型农田水利、石漠化治理和水土保持工程。

保障旅游设施用地：充分发挥贵州丰富独特的旅游资源，推进旅游和文化相结合，统筹开发重点景区和旅游精品，高起点建设一批旅游经济区，大力发展红色旅游、生态旅游、自然景观旅游、文化旅游、乡村旅游和避暑度假旅游。规划期间安排旅游建设用地约 2 万亩。

4）未利用地大幅减少。在国发〔2012〕2 号文件中，贵州省已被确定为全国开发未利用低丘缓坡实施工业和城镇建设试点地区。在未来的发展过程中，未利用地会得到合理的开发利用。如贵阳市计划在贵安新区开发低丘缓坡未利用地，拟新增建设用地 1 520 hm^2 等。

在各项建设用地项目选址上根据条件优先安排使用未利用地，尽量把未利用地开发为建设用地；在生态建设、植树造林、封山育林工作中，尽可能地把现有的荒草地、裸岩石砾地绿化为林地、草地。在宜耕荒草地上有计划地开发部分耕地、园地和人工草地。规划到 2020 年，全省未利用地净减少 32.24 万 hm^2。土地利用率由 89.85%提高到 91.68%。

6.2.6　水土流失与石漠化态势

6.2.6.1　云贵两省水土流失态势

根据 2004 年云南省土壤侵蚀现状遥感调查数据成果表，云南省水土流失面积 134 264.1 km^2，占云南省总土地面积的 35.04%。其中，以轻度水土流失为主，中度水土流失和强度水土流失次之，见表 6-7 和图 6-15。水土流失严重地区主要分布在滇中滇东北山原区、滇南中低山宽谷区和滇东南岩溶丘陵区的金沙江流域、珠江流域、红河流域、澜沧江和怒江流域范围内，除西双版纳州、德宏州和怒江州外，共涉及云南省 13 个州市的 99 个县市区，其中文山、红河、曲靖、楚雄、大理、昭通、思茅等水土流失面积较大。

表 6-7　云南省水土流失面积分布情况　　　　　　　　　　单位：km²

市（州）名	总面积	合计	比例/%	轻度水土流失	中度水土流失	强度水土流失	极强度水土流失	烈度水土流失
文山州	31 404.8	14 362.8	45.73	8 612.5	5 088.2	610.4	51.7	0.0
红河州	32 181.1	13 345.5	41.47	8 749.3	3 839.5	706.0	45.4	5.3
曲靖市	28 904.1	12 824.8	44.37	7 417.8	4 304.0	888.8	192.4	21.8
楚雄市	28 448.2	12 612.8	44.34	6 986.9	4 389.6	1 181.9	54.2	1.3
大理州	28 302.2	10 619.0	37.52	5 629.1	3 816.5	1 111.8	62.7	0.0
昭通市	22 430.2	10 567.5	47.11	4 444.2	3 949.1	1 852.5	289.5	32.8
思茅市	44 347.0	10 324.0	23.28	7 063.7	2 871.1	388.2	0.0	0.0
临沧市	23 625.3	8 585.4	36.34	4 212.0	3 910.7	263.6	0.9	0.0
昆明市	21 012.2	8 526.4	40.58	4 899.3	2 202.4	894.4	446.8	82.7
保山市	19 066.5	6 961.2	36.51	3 057.3	3 471.5	343.9	87.0	0.0
丽江市	20 549.0	5 441.4	26.48	2 855.6	1 451.8	544.7	44.6	1.1
玉溪市	14 945.4	4 782.5	32	3 461.6	1 239.6	77.5	3.8	0.0
迪庆州	23 228.0	4 652.6	20.03	2 652.4	1 525.6	326.6	140.0	8.4
西双版纳市	18 994.5	4 499.8	23.69	3 550.3	901.3	48.1	0.4	0.0
怒江州	14 597.9	3 341.5	22.89	1 429.5	1 437.5	466.1	8.0	0.0
德宏州	11 173.8	2 815.8	25.2	1 030.0	1 701.9	82.2	1.7	0.0
合计	383 210.2	134 264.1	35.0	76 051.5	46 100.3	9 704.5	1 429.1	153.3

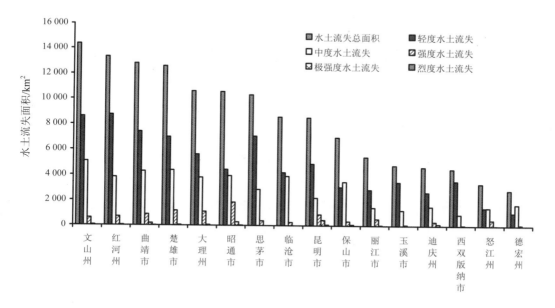

图 6-15　2004 年云南省水土流失面积分布情况

据 1999 年和 2004 年云南省水土流失遥感调查，2004 年云南省水土流失面积较 1999 年减少了 7 071.9 km², 减少 5%。其中, 剧烈水土流失区减少了 19.6 km²（减少 11.27%）; 强度和极强度水土流失区分别增加了 1 875.1 km²（增加 23.12%）和 1 021.9 km²（增加 250.71%）; 轻度和中度水土流失区分别减少了 3 932.9 km²（减少 4.92%）和 6 016.4 km²（减少 11.43%）。全省年土壤流失总量 50 813 万 t, 平均侵蚀模数 1326 t/（km²·a）, 年均侵蚀深度为 0.98 mm。

表 6-8   1999—2004 年云南省水土流失面积变化

动态	流失	轻度	中度	强度	极强度	烈度
1999 年水土流失面积/km²	141 333.7	79 982.4	52 658.6	8 111.2	407.6	173.9
2004 年水土流失面积/km²	134 261.8	76 049.5	46 642.2	9 986.3	1 429.5	154.3
增减量/km²	−7 071.9	−3 932.9	−6 016.4	1 875.1	1 021.9	−19.6
增减百分比/%	−5.00	−4.92	−11.43	23.12	250.71	−11.27

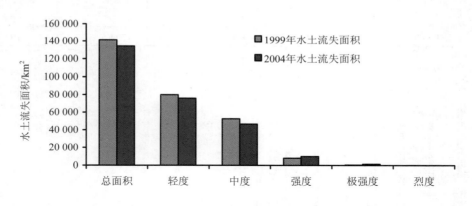

图 6-16   1999—2004 年云南省水土流失面积变化图

根据 1999 年贵州省土壤侵蚀现状遥感调查数据成果表, 贵州省水土流失面积 73 179 km², 占贵州总土地面积的 41.54%, 土壤年侵蚀量达 28 566 万 t。其中, 以轻度水土流失为主, 中度水土流失和强度水土流失次之。轻度水土流失区主要分布在地势起伏平缓、喀斯特分布广的中部丘陵盆地高原地区及人口密度相对较小、森林面积较多的黔东南、黔南土山区; 中度水土流失区主要分布于碳酸盐岩面积大、坡度偏小的中部丘陵山地性高原地区; 强度流失面积区主要分布于砂页岩、玄武岩陡坡土山较多的、开垦面积较大的黔西、黔北和黔东北部分地区; 极强度流失面积区主要分布于山高、坡陡、切割深、坡耕地面积大的黔西北、黔东北地区，包括六盘水市钟山、六枝、水城，安顺市关岭和黔西南州晴隆、兴仁、贞丰，毕节市的威宁、赫章 9 个县（区）。

表 6-9 贵州省水土流失面积分布情况   单位：km²

市（州）名	总面积	合计	比例/%	轻度水土流失	中度水土流失	强度水土流失	极强度水土流失
毕节市	26 853	15 814.0	58.89	8 198.7	4 195.5	2 751.9	667.9
遵义市	30 762.3	12 832.0	41.71	6 987.2	4 555.4	1 238.3	51.1
铜仁市	18 002.7	9 479.2	52.65	4 265.9	3 325.2	1 600.9	287.2
黔南州	26 193.1	9 161.6	34.98	6 557.5	2 046.8	493.9	63.4
黔西南州	16 804.4	6 094.7	36.27	3 430.9	2 238.5	411.8	13.5
六盘水市	9 913.9	5 229.5	52.75	1 645.2	2 557.2	796.6	230.6
安顺市	9 267.2	3 535.1	38.15	2 465.0	966.0	104.1	0.0
贵阳市	8 033.9	2 621.5	32.64	1 671.7	811.0	138.7	0.0
合计	176 167.6	73 179.0	41.54	41 415.3	22 424.4	8 016.9	1 322.4

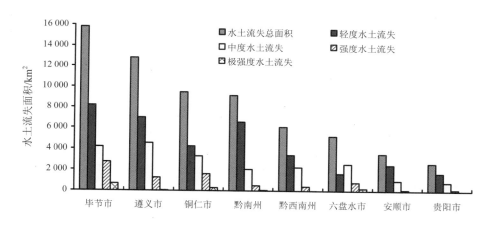

图 6-17 贵州省水土流失面积分布情况图

统计数据表明，20 世纪 50 年代以来，贵州省水土流失面积由 2.5 万 km² 增加到 1999 年的 7.33 万 km²，占全省面积的比例也由 14.2% 增加到 41.54%，水土流失速度加快。根据《贵州省第一次土壤侵蚀遥感调查报告》《贵州省第二次土壤侵蚀遥感调查报告》，从 1987 年开始，水土流失面积开始减少，1987—1999 年，贵州省水土流失面积减少了 3 503.4 km²，其中，强度和极强度水土流失区分别减少了 6 945.7 km²（减少 46.42%）和 1 800.49 km²（减少 57.65%）；轻度和中度水土流失区分别增加了 3 498.2 km²（增加 9.23%）和 1 743.3 km²（增加 8.43%）。

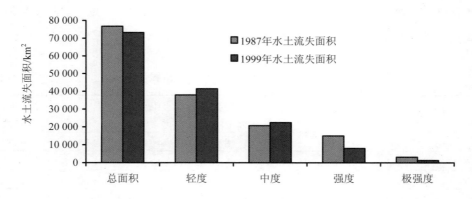

图 6-18　1987—1999 年贵州省水土流失面积变化

表 6-10　近 50 多年来贵州省水土流失面积

时间	水土流失面积/万 km^2	占全省面积/%
20 世纪 50 年代	2.5	14.2
60 年代	3.5	19.9
70 年代	5.0	28.4
1987 年	7.67	43.53
1999 年	7.33	41.54

表 6-11　1987—1999 年贵州省水土流失面积变化

动态	流失	轻度	中度	强度	极强度
1987 年水土流失面积/km^2	76 682.4	37 917.1	20 681.1	14 962.6	3 122.9
1999 年水土流失面积/km^2	73 179	41 415.3	22 424.4	8 016.9	1 322.4
增减量/km^2	−3 503.4	3 498.2	1 743.3	−6 945.7	−1 800.5
增减比例/%	−4.57	9.23	8.43	−46.42	−57.65

6.2.6.2　云贵两省石漠化态势

石漠化作为水土流失的顶级表现，在水土流失严重且喀斯特地形广泛发育的云贵两省极为严重。目前云贵两省石漠化面积占全国石漠化总面积的 53.4%，见图 6-19。

据贵州省国土资源厅统计资料，2005 年贵州石漠化面积 35 920 km^2，占全省土地面积的 20.39%；其中轻度石漠化面积为 22 733 km^2，占 63.26%；中度石漠化面积为 10 518 km^2，占 29.27%；强度石漠化面积为 2 669 km^2，占 7.45%。石漠化土地多集中分布在喀斯特发育的贵州南部和西部，六盘水市、黔南州、安顺市、黔西南州、毕节市所占面积较多。依据森林资源调查、省农业区划办农业资源数据、全国生态现状调查与评估和贵州省国土资源厅统计数据，贵州省石漠化面积由 1975 年的 8 808 km² 增长到 2005 年的 35 920 km²，增长速度由 1975—1985 平均每年增加 510.8 km² 扩张到目前平均每年增加 863.2 km²。

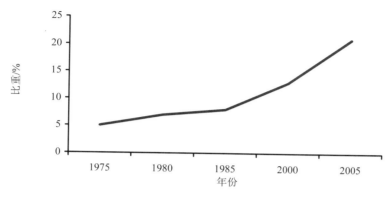

图 6-19　1975—2005 年贵州省石漠化面积比重

　　根据 2005 年国家林业局发布的统计资料和云南省水利厅统计资料，云南省石漠化面积为 288.20 万 hm²，占云南总土地面积（1 877.40 hm²）的 15.35%。其中，以中度石漠化为主，其次为轻度石漠化、强度石漠化和极强度石漠化。石漠化土地主要分布在 11 个州市的 65 个县（区或市），其中以昆明、昭通、曲靖、文山、红河、丽江、迪庆、临沧、保山、大理等岩溶区分布面积最大。

表 6-12　云南省各主要石漠化面积分布情况　　　　　单位：hm²

市（州）名	合计	轻度石漠化	中度石漠化	强度石漠化	极强度石漠化
昆明市	11.81	5.33	4.43	1.54	0.51
昭通市	33.82	9.69	18.62	3.69	1.82
曲靖市	44.45	22.9	16.53	3.79	1.23
红河州	32.68	8.78	18.24	4.32	1.34
文山州	83.18	13.52	43.12	22.45	4.09
玉溪市	7.88	1.97	4.64	1.1	0.17
丽江市	30.52	11.77	10.81	3.77	4.17
临沧市	14.78	6.54	7.19	1.03	0.02
迪庆州	21.31	5.27	8.96	6.22	0.86
保山市	5.57	2.05	3.25	0.25	0.02
大理市	2.2	1.13	0.7	0.17	0.2
合计	288.2	88.95	136.49	48.33	14.43

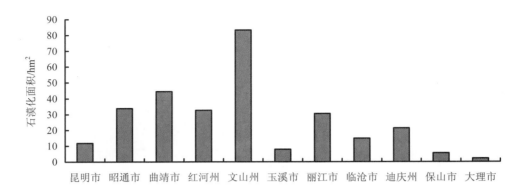

图 6-20　云南省各州（市）石漠化面积分布

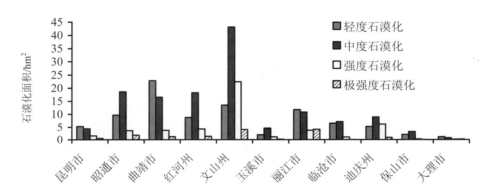

图 6-21　云南省各石漠化面积分布

　　根据《云南省地下水资源、地下水环境监测、土壤污染、石漠化发育总体情况》统计数据，2007 年云南 65 个岩溶县（市、区）石漠化总面积达 34 772.76 km²，占全省土地面积的 18.56%。其中重度石漠化面积为 13 572.43 km²，占 39.03%；中度石漠化面积为 12 178.25 km²，占 35.02%；轻度石漠化面积为 9 022.08 km²，占 25.95%。石漠化地区主要分布在滇东、滇东南地区，其中东部地区呈现自北向南逐渐增多，程度加重，且多集中连片分布的趋势；西部地区自南向北逐渐增多，多为星散状分布。从全省 11 个市州来看，主要分布在曲靖、红河、文山、迪庆等市州。

　　依据 2005 年云南省水利厅和国家林业局发布的统计数据，2005—2007 年，云南省石漠化总面积增加了 5 952.76 km²，增长速度为平均每年 2 976.38 km²；其中重度石漠化面积增长急剧，共增加 7 296.43 km²，面积远超过 2005 年重度石漠化基底面积，增长 16.26%；中度石漠化面积减少了 1 470.75 km²，轻度石漠化面积增加了 127.08 km²。

表 6-13　2005—2007 年云南省石漠化面积变化

石漠化程度	2005 年		2007 年		2005—2007 年		2005—2007 年
	面积/km^2	比例/%	面积/km^2	比例/%	变化面积/km^2	变化比例/%	总变化比例/%
轻度	8 895	30.9	9 022.08	25.95	127.08	1.43	−4.95
中度	13 649	47.3	12 178.25	35.02	−1 470.75	−10.78	−12.28
重度	6 276	21.8	13 572.43	39.03	7 296.43	116.26	17.23
总面积	28 820	100	34 772.76	100	5 952.76	—	—

注："—"表示无数据。

6.2.7　主要生态系统服务功能识别

采取基于物质量的生态系统服务功能评价方法，对规划区域内水源涵养、土壤保持、生物多样性保护等功能进行重要性评价，根据重要性评价结果确定出区域内的主要生态服务功能类型。云贵地区主要生态系统服务功能为水源涵养、土壤保持、生物多样性保护功能。

6.2.7.1　生态系统服务功能重要性评价

（1）生物多样性保护功能重要性评价

区域生物多样性保护功能重要性评价结果如图 6-22 所示，云南省生物多样性保护极重要、中等重要区域面积约占全省国土面积的 44.5%，主要分布在滇西北、滇西南、西双版纳州、文山州东南部、德宏州的边境地带，以及哀牢山、无量山的部分地区；贵州省生物多样性保护极重要、中等重要区域面积占全省国土面积的 33.0%，多分布于远离中心城镇的边缘区域或自然保护区及其周边区域，主要集中在贵州北部、东南部、西部及南部等区域。

（2）水源涵养功能重要性评价

植被的水源涵养功能在西南区域显得尤其重要，水源涵养功能重要性评价如图 6-23 所示。云南省水源涵养重要区域占全省国土面积的 14.7%，主要分布在云南东部地区，包含昭通市、曲靖市、昆明市、玉溪市和红河州；贵州省水源涵养重要区域占全省国土面积的 20.9%，主要分布在贵州西部，包含毕节市、六盘水市和黔西南州，两省的重要区域为珠江源头地区。

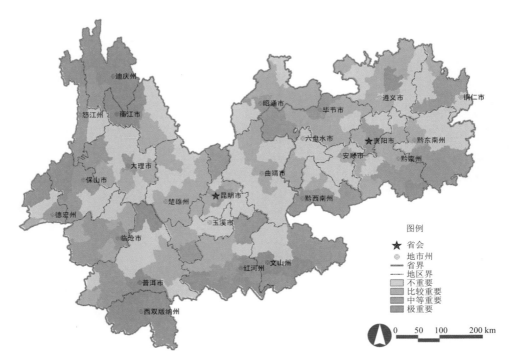

图 6-22 研究区生物多样性保护功能重要性评价

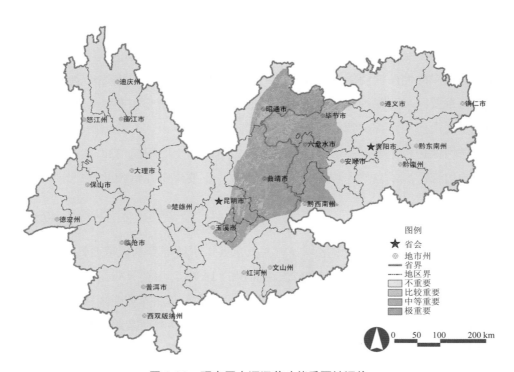

图 6-23 研究区水源涵养功能重要性评价

云南省水源涵养极重要区域主要分布在滇西北怒江、金沙江、澜沧江的上游地区，滇西北曲靖市一带的珠江源区，滇中的金沙江流域与红河流域、珠江流域的分水岭地带；中等重要区域主要分布在各大流域中游地带，大部分是河谷区，这些地区的水源涵养功能主要是保证下游地区的农业用水；比较重要区域分布在六大水系的下游地区，这些地区降雨较为充沛，水源涵养主要取决于上游山地森林植被。

贵州省水源涵养极重要区域主要分布在贵州省西部，包括毕节市（七星关区、大方县、织金县、纳雍县、赫章县、威宁县），安顺市普定县，六盘水市所有区县，黔西南州（安龙县、普安县、晴隆县、兴仁县、兴义县、贞丰县），该区域人口密度大，喀斯特地貌发育充分，是乌江、赤水河发源地，南、北盘江的主要汇水区。但该区域现有森林覆盖率偏低，森林资源质量较低，生态环境极为脆弱。

（3）生态系统服务功能重要性综合评价

生态系统服务功能是指生态系统与生态过程所形成及所维持的人类赖以生存的自然环境条件与效用。生态系统服务功能重要性评价的目的是要明确回答区域各类生态系统的服务功能及其对区域可持续发展的作用与重要性，并依据其重要性分级，明确其空间分布。生态系统服务功能重要性评价针对的是区域典型生态系统，评价生态系统服务功能的综合特征根据的是区域典型生态系统服务功能的能力。

按照一定的分区原则和指标，将区域划分成不同的单元，将其分为极重要、中等重要、比较重要、不重要四个等级，反映生态系统服务功能的区域分异规律。根据区域生态系统的特点，选择生物多样性维持与保护、水源涵养等因素进行生态系统服务功能重要性评价。得到区域生态服务功能重要性综合评价如图 6-24 所示。

6.2.7.2　生态系统敏感性评价

根据区域生态系统特征和生态环境主要影响因子，选择的生态系统敏感性评价内容主要包括土壤侵蚀敏感性、酸雨敏感性、石漠化敏感性、生境敏感性等。

（1）土壤侵蚀敏感性评价，评价结果如图 6-25 所示

区域土壤侵蚀以轻度侵蚀为主，高度以上敏感区域占总面积的 26.1%。其中，云南省土壤侵蚀的敏感性以轻度为主，占全省国土面积的 58.1%，主要分布在迪庆州、怒江州、丽江市、大理州、德宏州、普洱市、西双版纳州、玉溪市、昆明市大部分地区，高度敏感区域面积占全省国土面积的 19.8%，分布在文山州、临沧市、曲靖市、昭通市等紫色土集中分布区，极敏感区域分布面积小；贵州省土壤侵蚀轻度敏感区域占全省国土面积的 51.6%，主要分布在黔东南州、遵义市和安顺市的大部分地区，高度敏感区域占全省国土

面积的 26.0%，主要分布在毕节市的大部分地区、六盘水市和铜仁市。极敏感区域占全省
国土面积的 5.2%，主要分布在毕节市、六盘水市、遵义市和黔南州。

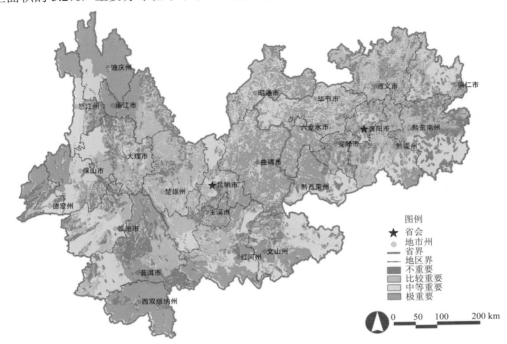

图 6-24   区域生态服务功能重要性综合评价

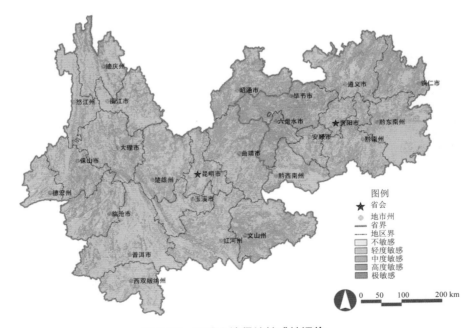

图 6-25   区域土壤侵蚀敏感性评价

（2）酸雨敏感性评价，评价结果如图 6-26 所示

深色区域属于酸雨极敏感区，占区域总面积的 54.2%，中度以上酸雨敏感区占区域总面积的 94.5%。云南西部以极敏感区为主，中部为高度敏感区，贵州以高度和中度敏感区为主，其中高度敏感区在全省均有分布，范围较广。

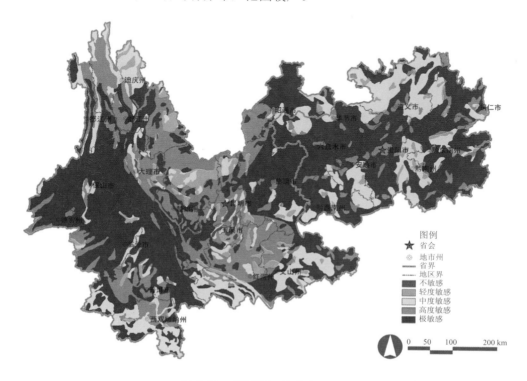

图 6-26 区域酸雨敏感性评价

（3）石漠化敏感性评价，评价结果如图 6-27 所示

云南石漠化极敏感和高度敏感区域面积占全省国土面积的 11.1%，以滇东南和滇东地区分布最广；贵州省石漠化敏感区域占全省国土面积的 65.9%，主要分布在贵州西部、中部地区，石漠化极敏感区域占全省国土面积的 4.3%，主要分布在毕节市、六盘水市和遵义市。

（4）生境敏感性评价，评价结果如图 6-28 所示

区域以中度、高度敏感区为主，极敏感区主要分布在云南的三江并流区、西双版纳地区，贵州有零星分布，基本涵盖了区域现有的森林生态系统类型和珍稀野生动植物类型的国家级自然保护区，不敏感区主要分布在贵州中东部地区。

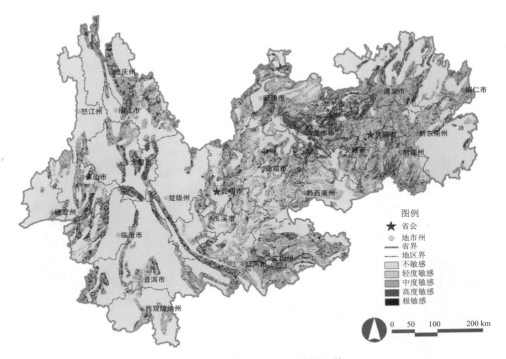

图 6-27　区域石漠化敏感性评价

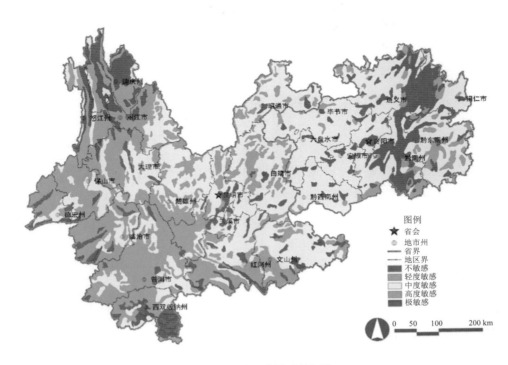

图 6-28　区域生境敏感性评价

（5）生态系统敏感性综合评价，评价结果如图 6-29 所示

生态系统敏感性综合评价，就是综合考虑土壤侵蚀敏感性、酸雨敏感性、石漠化敏感性及生境敏感性等要素来评价人类活动强度影响或外力作用下生态环境的敏感程度。通过以上因子的空间分析，综合考虑土壤侵蚀、酸雨、石漠化和生境敏感性的影响。

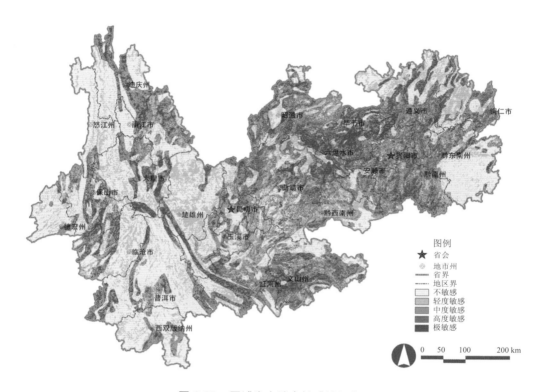

图 6-29　区域生态综合敏感性评价

6.2.7.3　区域主要生态系统服务功能

通过以上分析，云贵区域主要生态系统服务功能包括水源涵养、土壤保护和生物多样性保护功能。

6.2.8　主要生态环境问题

20 世纪 90 年代以来，随着天然林资源保护工程、退耕还林工程、长江珠江防护林工程、生物多样性保护工程等重点生态工程的实施，森林覆盖率有所恢复，水土流失情况得到局部控制，部分地区生态环境有所好转，但仍存在很多问题，具体表现在以下六个方面。

（1）森林覆盖率有所恢复，但生态服务功能仍待提高

随着退耕还林工程和天然林保护工程的实施，云贵两省森林覆盖率虽有提高，但主要是人工林，作为保护生态环境最为重要的天然林及生态效益较为明显的阔叶林仍在不断减少。新增的林地中幼龄林比重超过50%以上，成熟林的比重相对较小。从森林林种结构来看，橡胶林、纸浆林等用材林面积占总森林面积的比重大，速生林遍地开花，森林资源总体质量仍呈下降趋势，水源涵养、土壤保持等功能受到制约。云南省的"城镇上山，工业上山"、贵州省的开发低丘缓坡地土地利用战略，使之前的造林成果面临遭受新一轮破坏的威胁。

近年来，云南省橡胶林种植面积总体大幅度攀升，从1976年的32.1万亩增加到2006年的312.2万亩，增长了近10倍。橡胶林大面积种植不仅破坏当地的种植结构，使植被单一化，降低了生物多样性，而且导致了土壤退化，降低了森林的水源涵养能力。云南省近年来的造林树种主要以云南松、桉树等为主，人工林中以云南松为主的针叶林比例增加，其生态效应远不及阔叶林，故蓄积量虽然总体上相对得到增长，但森林质量下降，其生态效应趋于降低。贵州省是喀斯特发育重要的地区，目前喀斯特地区除少数边远山区尚保存着成片的喀斯特森林外，其余地区的植被多退化为灌丛或灌草丛植被，植被群落层次结构较为简单，覆盖率不高，其生态效应远低于森林植被。

（2）生物多样性丰富，但生境敏感，生物多样性保护形势严峻

云贵地区地处亚热带和部分热带地区，优良的水热条件决定了区域具有较高的生产力和生物量，为高生物多样性提供了基础。地形地貌呈现水平分布和垂直分布相互交叉存在的现象，极高的环境异质性提供了多样性的生境。云贵山区尤其是横断山区相同物种之间地理隔离和生殖隔离的存在，为长时间相互独立的协同进化提供了条件，成为众多动植物的分化中心和起源地。区内自然景观多样性高度集中，自然生态系统多样性系列完整，物种多样性丰富。云南滇西北地区更是世界级生物多样性保护的关键地区和热点地区之一。

然而，特殊的地理地貌环境，自然生境敏感又脆弱，加上工业化、城镇化和资源开发侵占大量生态用地及旅游资源开发带来的人口压力，这些可能引起群落中关键物种或特有种的丧失，区域生物量降低，外来物种形成生物入侵，生物生境丧失，降低生态系统的整体性和景观的连通度，部分生态系统功能退化，生物多样性受到威胁。乱砍滥伐、毁林开荒的现象常有发生，对生物多样性的影响较大。贵州省动植物种类受威胁的比例达到20%左右；云南森林破坏、草场退化严重，湿地面积缩小；濒危脊椎动物占全省脊椎动物总数的10.8%。

（3）水土流失问题严重，威胁流域生态安全

云南省水土流失极敏感区约为14 702 km²，占云南国土总面积的3.87%。贵州省水土

流失极敏感区约为 9 034 km²，占贵州国土总面积的 5.2%。剧烈水土流失区主要有采矿、采砂、取土、取石等工厂而未采取监督防御措施的滇东北山区，山高、坡陡、切割深、坡耕地面积大的黔西北、黔东北地区。极强度水土流失区主要分布在地形起伏巨大、陡坡耕地及滑坡泥石流的滇西北、滇东北地区，黔西、黔北和黔东北部分地区。

自 20 世纪 90 年代以来，随着退耕还林（草）工程、天然林资源保护和森林抚育工程、长江珠江防护林工程等工程的实施，水土流失情况得到局部控制。据《云南省第二次土壤侵蚀遥感调查报告》《云南省第三次土壤侵蚀遥感调查报告》显示，1999—2004 年，云南省水土流失面积减少了 7 071.9 km²，占云南省面积的 5%。然而，强度和极强度水土流失区分别增加了 23.12%和 25.71%，水土流失形势依然严峻。

（4）石漠化恶化趋势未得到有效遏制，石漠化面积仍在增加

石漠化作为水土流失的顶级表现，在水土流失严重且喀斯特地区广泛发育的云贵两省极为严重，目前云贵两省石漠化面积占全国石漠化总面积的 53.4%。其中，贵州省石漠化面积超过全省国土面积的 20%，轻度、中度、强度石漠化面积分别占 63.26%、29.27%、7.45%，石漠化土地多集中分布在有喀斯特发育的贵州南部和西部，以六盘水市、黔南州、安顺市、黔西南州、毕节市所占面积较多。云南省石漠化面积约占全省国土面积的 18%，轻度、中度、强度石漠化面积分别占 25.95%、35.02%、39.03%，石漠化地区主要分布在滇东、滇东南地区。

石漠化面积不断增加，贵州省石漠化面积由 1975 年的 8 808 km² 增长到 2005 年的 35 920 km²，石漠化增长速度由 1975—1985 年平均每年增加 510.8 km² 扩张到目前平均每年增加 863.2 km²。云南省 2005—2007 年石漠化总面积增加了 5 952.76 km²，增长速度平均每年 2 976.38 km²，其中重度石漠化面积急剧增长。总体来说，云贵两省石漠化恶化趋势未得到有效遏制，石漠化面积仍在增加。

（5）平坝地区用地有限，"上山"战略威胁区域生态安全

根据土地利用数据，云贵两省耕地、牧草地及未利用地面积呈减少趋势，建设用地、林地等土地面积呈增长趋势，其中林地增幅较大。两省可供开发建设的用地明显不足，为了保护平坝地区的耕地，云南提出"城市上山、工业上山"的土地开发战略，贵州提出开发低丘缓坡地土地利用战略，势必影响林地的分布格局和生态功能，区域生态安全受到威胁。

未利用地开发利用难度较大，耕地后备资源不足。由于山地面积比重大，山高坡陡，地面崎岖，喀斯特地貌发育，贵州省未利用地中有 58.07%是裸岩砾地、难利用地，加上经济滞后，造成土地开发利用难度较大，交通等基础设施建设滞后，丰富的水能、矿产、旅游资源优势处于开发落后状态。云南省山区和半山区占土地总面积的 94%，平坝区耕地集

中，土壤和水热条件较为优越，集约化经营程度高，但人地矛盾尖锐，后备易开发整理的土地资源逐渐减少，补充耕地成本不断增加，非农业建设占用耕地，特别是占用高产优质耕地的问题突出。山区半山区土地后备资源集中但自然条件普遍较差，开发利用难度大。

（6）干旱和洪涝灾害频繁，矿山地质灾害加剧

区域特殊的喀斯特环境、复杂的地质构造、典型的高原中亚热带湿润季风气候等自然地理条件导致了地质环境的复杂性与脆弱性。一些不良的、强度较大的人为活动引起自然界中地层变形或位移，形成地质灾害，主要表现为滑坡、泥石流、崩塌、地表塌陷等。据统计，新中国成立以来云南省地质灾害已经造成 10 000 余人死亡和失踪、22 000 余人受伤，直接经济损失近 163.5 亿元。云南全省 16 个市州均有地质灾害点及隐患点分布，在目前录入的 20 156 处地质灾害及隐患点中，滑坡所占比例最大（11 596 处），为 57.5%，其次是不稳定斜坡和泥石流。

常见的矿山地质灾害主要有滑坡、泥石流和地面塌陷、地裂缝等。目前，云南全省受到地质灾害危害、有一定规模的矿山约为 150 个，小型矿山则有数千个；截至 2007 年，贵州省共有各类矿山 7 461 个，主要分布于中西部地区。据统计，因采矿活动引发的地质灾害破坏土地面积为 7 928 hm²，占贵州省矿业开发占用和破坏土地总面积的 24.97%。未来，随着两省规划矿产资源开发规模的急剧扩张，采空区面积以及尾矿库面积都将加大，发生地质灾害的风险加大，矿山地质灾害将进一步加剧。

6.3 区域矿产资源开发情景

6.3.1 主要战略与规划分析

根据西部大开发战略、《国务院关于支持云南省加快建设面向西南开放重要桥头堡的意见》《云南省国民经济和社会发展第十二个五年规划纲要》等，云南省重点发展矿产资源精深加工产业，加强"三江"流域等重点矿区调查与勘查工作，新增一批铜、铅锌、银、金、镍、锡、铁、磷等资源矿产地和远景资源量，重点推进普朗铜矿、文山和鹤庆铝土矿、都龙多金属矿等矿山建设。

根据西部大开发战略、《贵州省国民经济和社会发展第十二个五年规划纲要》等，贵州省重点发展煤炭、化工、冶金、有色、建材等产业，"十二五"期间建成一个年产量 5 000 万 t 和两个年产量 3 000 万 t 以上的大型煤炭企业集团，全省煤炭企业控制在 200 个以内；规模以上煤炭企业控制的煤炭资源量占全省煤炭资源量的 80% 以上，产量占全省

总产量的 70% 以上。依托大型煤炭基地，建设一批大型煤电基地，积极发展煤炭深加工、精加工及关联产业。加快磷矿伴生资源尤其是重稀土矿等贵重资源的开发利用。建设形成贵阳、遵义两大铝电联营、上下游配套的大型铝工业基地，推动黔东南、六盘水、安顺、铜仁等地发展铝加工业。以增强钛矿资源保障为基础，重点向高质量的钛及钛合金产品和钛带领域扩展。加快和规范黄金工业发展。支持铜仁、黔东南积极发展钒深加工业。

6.3.2 矿产资源开发情景分析

云贵地区很多重点行业的发展离不开矿产资源的支撑，包括煤炭工业、钢铁工业、有色冶金、建材工业等，这些重点行业的发展情景预测如下。

6.3.2.1 煤炭工业

贵州省 2010 年煤炭工业产能约为 1.6 亿 t，预计 2015 年、2020 年煤炭工业产能分别增长 57%、89%，达到 2.5 亿 t、3 亿 t。规划贵州省煤炭工业主要集中在六盘水、毕节、黔西南、遵义、安顺等市州，2015 年以上各市州的煤炭工业产能占全省的 94%，黔西南州增长最快，达 17 倍（从 2010 年的 166 万 t 增长到 2015 年的 3 000 万 t），其次是毕节市和六盘水，分别增长 73%、50%，遵义与安顺市增长均在 35% 左右。云南省 2010 年煤炭工业产能约为 0.98 亿 t，预计 2015 年、2020 年煤炭工业产能分别增长 40%、50%，达到 1.37 亿 t、1.47 亿 t。云南省煤炭工业主要分布在曲靖、昭通、红河、丽江、昆明五个市州，2015 年以上市州的煤炭工业产能较 2010 年分别增长 38%、44%、71%、24%、2%。因此，未来云南省煤炭工业产能扩张的主要承载地区为曲靖、昭通、红河三市州。

6.3.2.2 钢铁工业

贵州省 2010 年生铁、粗钢、钢材产能分别约为 375 万 t、343 万 t、338 万 t，共计 1 056 万 t。预计 2015 年、2020 年贵州省总产能较 2010 年分别增长 213%、298%。贵州省钢铁工业主要集中在六盘水市和贵阳市，其中六盘水市占全省的 90% 以上，核心企业为水钢、首黔和贵钢。云南省 2010 年生铁、粗钢、钢材产能分别约为 1 337 万 t、1 294 万 t、1 215 万 t，共计 3 846 万 t。预计 2015 年云南省总产能较 2010 年增长 19.6%，2020 年总产能比 2015 年略有下降。云南省钢铁工业主要分布在昆明、玉溪、楚雄、红河四个市州，重点企业为昆钢和德钢，两大企业钢铁产能占到全省的 70% 以上，产业集中度较高。

6.3.2.3 有色冶金

贵州省 2010 年有色冶金产能共计 362.2 万 t，氧化铝、电解铝占总产能的 90% 以上。预计 2015 年、2020 年贵州省有色冶金总产能较 2010 年分别增长 210%、230%。贵州省氧化铝、电解铝及铝加工业主要集中在贵阳市和遵义市，这与铝土矿主要分布在贵阳市和遵义市有关。云南省 2010 年十种有色金属产能共计约 240 万 t，预计 2015 年、2020 年有色冶金总产能较 2010 年分别增长 158%、171%。云南省铜产业主要分布在昆明、楚雄、玉溪三市，红河、大理两市州铜产业扩张态势明显；锌产业主要分布在曲靖、红河、大理、怒江四市州，保山、昭通两市锌产业扩张态势明显；铝产业主要分布在昆明、曲靖、文山三市州，大理、曲靖两市州铝产业扩张态势明显；硅产业基础薄弱，但扩张态势明显，主要分布在保山、德宏两市州；以海绵钛、钛白粉等为核心产品的钛产业主要分布在昆明和楚雄两市。

6.3.2.4 建材工业

贵州省 2010 年建材工业产值共计 209.75 亿元，其中，非金属矿采选业仅占 13%。预计 2015 年、2020 年贵州省建材工业产值较 2010 年分别增长 155%、370%，增长速度很快。非金属矿采选业产值分别增长 140%、339%。贵州省非金属矿采选业集中在贵阳、遵义、黔东南和黔南，其中遵义和黔东南的增长速度最快，达 3 倍以上。云南省 2010 年建材工业产值共计 308.8 亿元，其中，非金属矿采选业仅占 21%。预计 2015 年、2020 年云南省建材工业产值较 2010 年分别增长 192%、490%，而非金属矿采选业产值分别增长 270%、427%。云南省非金属矿采选业主要集中在昆明、玉溪、楚雄、大理，其中以昆明为主，占 93% 以上。

综上所述，贵州省对有色金属、非金属矿、铁矿、煤矿的依赖程度都较高，其中有色金属、非金属矿、铁矿支撑的相关工业产能年均增长率均在 30% 以上，煤炭工业产能年均增长率虽然维持在 10% 左右，但煤炭工业产能很大，将在未来五年内突破 2 亿 t。云南省对非金属矿的依赖程度最高，产能年均增长率在 40% 以上，有色金属次之，产能年均增长率在 20%～30%，煤炭和铁矿支撑相关工业的产能虽然较大，但对其发展速度有所控制，产能年均增长率均低于 10%。然而，云贵地区生态环境脆弱，矿产资源开发面临十分复杂的自然环境背景，分析评价矿产资源开发的生态影响具有重要的意义。

6.4 生态系统服务功能影响评价指标体系构建

6.4.1 指标构建的原则

构建科学的评价指标体系是评价过程的关键环节。选取评价指标时，应详细分析重点产业与生态系统耦合结果，筛选出重点产业发展对区域生态环境影响的关键因子。在构建指标体系过程中主要遵循以下三点原则：一是紧紧围绕识别出的关键生态系统服务功能影响因子，使评价指标具有代表性、不可替代性；二是能够充分表征人类经济社会活动对生态系统的干扰，即选择对人类干扰比较敏感的评价因子；三是评价指标具有科学性和可操作性，即指标能够通过调查、统计、遥感等手段获得，易于定量或半定量计算并落实到空间中。

6.4.2 指标框架设计

根据物质量评价法，每种服务功能有其相应的计算公式和指标因子进行描述，在此基础上同时考虑指标的可获取性和可操作性，结合区域重点产业的生态影响分析，以及重点产业生态影响矩阵，构建区域发展的生态影响评价指标体系。经研究，初步构建生态影响评价指标体系框架见表 6-14。

表 6-14 生态影响指标体系框架

类 别	评价目标层	评价指标层
生态系统结构	生态系统格局	土地覆盖类型
生态系统服务功能	水源涵养	植被盖度
		土壤厚度
		森林覆盖率
		湿地面积
	生物多样性	自然保护区面积
		保护区建设完备率
		植被景观多样性指数
		国家级保护植物物种多样性指数
		国家级保护动物物种多样性指数
	土壤保持	水土流失面积
		土壤侵蚀强度
		基岩裸露面积百分比
		植被盖度

6.5 生态系统服务功能影响因子识别

6.5.1 生态系统服务功能影响路径分析

结合识别出的水源涵养、土壤保持、生物多样性保护等主要功能，依据表征生态系统服务功能的各项指标，分析受规划活动影响的主要生态系统服务功能，生态系统服务功能影响识别路径见表 6-15。经分析，受区域矿产资源开发影响的主要生态系统服务功能有水源涵养、土壤保持、生物多样性保护功能。

表 6-15 区域矿产资源开发的生态系统服务功能影响路径

规划行为	生态环境影响特点	受影响的指标	受影响的生态系统服务功能
矿产资源开采	露天开发破坏地形、地貌，占用山林土地，地表植被被严重破坏，遇风化及降雨易导致水土流失等问题。土地利用类型变化，农业用地、林地、草地、未利用地等转化为工业用地、交通道路用地等	植被盖度	土壤保持
			水源涵养
		土壤厚度、有机质含量	土壤保持
			水源涵养
		生物栖息地	生物多样性保护

6.5.2 构建矿产资源开发生态影响矩阵

针对生物多样性保护、水源涵养、土壤保持功能等受区域矿产资源开发影响的生态系统服务功能，以及水土流失、石漠化、地质灾害等主要生态问题，将生态耦合分析中筛选出的主要人类干扰因子和受影响的生态环境因子，按照有利影响、不利影响、无影响和不确定四大类，构建成生态影响矩阵，识别生态影响关键指标和生态影响因子，见表 6-16。

表 6-16 产业发展生态影响矩阵

行业和区域	主要生态功能			主要生态问题					
	生物多样性	水源涵养	土壤保持	水土流失	石漠化	土壤污染	地面下沉	地质灾害	地下水位
煤炭开采	—	—	—	—	—	—	—	—	—
有色金属开采	—	—	—	—	—	—	—	—	—
磷矿开采	—	—	—	—	—	—	—	—	—
水泥建材	—	—	—	—	—	0	—	—	X

注：—为不利影响；0 为无影响；X 为不确定。

矿产资源开采包括煤炭开采、有色金属开采、磷矿开采以及石灰石开采等，是人类社会经济系统与自然环境系统相互作用影响最为强烈的活动之一。结合产业发展布局及生态环境特征分析，对矿产资源开发进行生态影响分析，识别出生态影响因子。经初步分析，矿业开采活动不仅会改变岩石圈的组成和结构，进而改变包括生物圈在内的整个自然综合体的结构和状态，影响严重的容易形成地表塌陷、滑坡、区域地下水位下降，改变地表径流和地下径流的自然水文条件，加剧水土流失、石漠化、生物多样性减少等生态问题，引发一系列的地质灾害，对矿业活动区和周边的人文社会环境构成威胁。

总体来说，矿产资源开发对区域的水源涵养、土壤保持、生物多样性保护等重要生态系统服务功能造成了不利影响。

6.5.3　矿产规划主要生态影响识别

对煤炭开采、有色金属开采、磷矿开采以及石灰石开采等相关的矿产资源开发的空间布局和地区主要生态影响进行分析识别，见表 6-17。

表 6-17　重点行业的地区生态特征

产业	布局	主要的生态环境问题
煤炭开采	云南省煤炭资源主要集中在曲靖、昭通、红河及滇南、滇西；贵州省主要集中在六盘水、毕节、黔西南、遵义等地区，六盘水、织纳和黔北三个是主要煤田	大部分地区位于水源涵养、生物多样性保护重点区域，且石漠化问题比较突出
有色金属开采	铜矿：云南省主要分布于昆明、玉溪、红河、楚雄、普洱、大理、迪庆	迪庆、红河位于生物多样性保护重点区域，迪庆、红河、昆明、玉溪等地区石漠化、土壤侵蚀问题较重
	铅锌矿：云南省主要分布于曲靖、楚雄、红河、怒江、文山、昭通、保山、普洱	昭通、曲靖位于水源涵养重点区域，红河等位于生物多样性保护重点区域，大部分地区石漠化、土壤侵蚀问题较重
	锡矿：云南省主要分布于个旧、马关、腾冲、梁河，现有矿山企业 102 个	位于生物多样性保护重点地区，有石漠化、土壤侵蚀问题
	铝土矿：云南省主要分布于文山；贵州省主要集中在贵阳、遵义，推动黔东南、六盘水、安顺、铜仁等地发展铝加工	文山、遵义、贵阳的石漠化、土壤侵蚀问题较突出
	稀有、稀土、分散元素金属矿产：云南省铟资源全国储量第一，主要分布于文山、红河。云南省锗资源主要分布在会泽的含锗铅锌矿、临沧帮卖盆地的含锗褐煤中	铟资源分布区域的石漠化、土壤侵蚀问题较突出，同时位于生物多样性保护重点区域
	钛铁砂矿：云南省主要分布于昆明富民、武定、富宁、保山板桥等地	石漠化、土壤侵蚀
	锰矿：贵州省锰化工产业集中在松桃、玉屏、遵义等地	石漠化较重
	钒钡铅锌：贵州省毕节、铜仁等地区	石漠化、土壤侵蚀

产业	布局	主要的生态环境问题
磷矿	云南省重点在昆明、玉溪、红河、曲靖等云南省中东部地区 贵州省磷化工产业向黔中经济区北部聚集，集中分布于福泉、瓮安、开阳、息烽、织金	部分地区位于水源涵养、生物多样性保护重点区域，且有石漠化、土壤侵蚀问题
水泥建材	贵州省发展贵阳、龙里、紫云等石材产业，加快六盘水、黔东南、黔西南、铜仁等地区新型干法水泥项目建设	石漠化较重，部分位于生物多样性保护地区

重点产业布局与生态安全格局重叠，加剧了生态保护压力。滇西北自然资源丰富，是世界最著名的动植物模式标本产地之一，被国际组织列为全球生物多样性 25 个优先重点保护"热点地区"之一。截至 2007 年，滇西北地区已建立 27 个不同级别的自然保护区，保护区面积占滇西北土地面积近 13%；同时该区域也是我国西部有色金属资源集中区——"三江"成矿带的核心地带。贵州省的地质灾害易发带位于黔西北毕节—盘县一带以及江口—都匀—荔波一带，同时这两个带也是矿产资源分布较为丰富的地区。矿产资源分布与自然保护区以及地质灾害易发区重叠对矿产资源的开发利用以及生态环境保护均带来了难度。

云贵两省矿产资源的开采造成诸多生态环境问题。矿产资源的开发和利用，对自然环境的破坏和扰动巨大，占用土地、水土流失和石漠化等诸多生态环境问题引发次生地质灾害。各类型的小矿山、小矿坑、小选厂遍布山林坡地，造成开矿区塌陷、植被破坏，从而出现土地退化、水土流失、石漠化等生态环境问题。据统计，云南省受到地质灾害危害的有一定规模的矿山约 150 个，小型矿山则有数千个。贵州省因采矿活动引发的地质灾害破坏土地面积为 7 928 hm^2，占贵州省矿产资源开发占用和破坏土地总面积的 24.97%。未来，随着两省规划矿产资源开发规模的急剧扩张，生物多样性损失、水土流失和石漠化等诸多生态环境问题以及矿山地质灾害将进一步加剧。

6.6 矿产资源开发生态影响评价

矿产资源的开发和利用，对自然环境的破坏和扰动巨大，可导致占用耕地、破坏植被、引发水土流失和石漠化等诸多生态环境问题和塌陷、滑坡、泥石流等多种次生地质灾害。

6.6.1 矿产富集区与生态敏感地区重叠，生态功能维护压力大

德钦羊拉、中甸普朗、兰坪白秧坪等有色金属富集区位于西南"三江"并流区，部分铜矿开采区位于国家级自然保护区内，红河、文山铁矿、有色金属富集区位于桂西石灰岩

地区内，毕水兴煤矿富集区同时也是西南石漠化最严重的地区。以上矿产资源富集区位于生物多样性保护区、水源涵养区、严重石漠化区域等生态功能重要或生态敏感地区，矿产资源富集开发使区域生物多样性保护、水源涵养等功能受到威胁，同时也加重了这些地区水土流失和石漠化等生态问题。

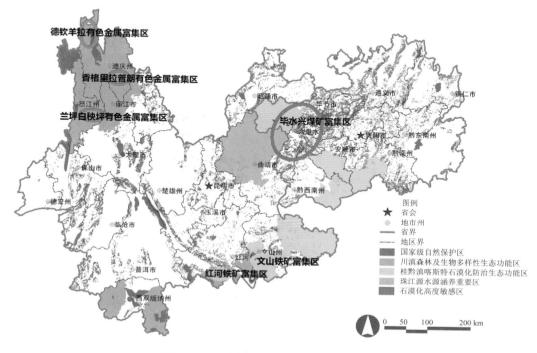

图 6-30 云贵两省矿产资源富集区分布

6.6.2 开采模式以小型矿为主，维护区域生态功能的成本大

云贵地区矿产布局散，结构以小矿为主。矿产资源开发准入门槛低，大量热点区块被小规模投资者取得，导致矿山数量多、规模小、分布散、生产能力低、资源利用率低。云南存在"以小矿为主，大矿为辅"的局面，其中小矿占 98.6%，大矿仅占 1.4%；贵州全省矿山 7 073 个，其中大型 24 个，中型 100 个，小型 3 265 个，小矿 2 684 个，大中型矿山比例小，仅占 1.7%。各类小矿山、小矿坑、小选厂直接导致布局遍布山林坡地，生产经营方式粗放。大量小型及小矿企业开采技术落后、消耗高、采矿回采率、选矿回收率和综合利用率低，对资源浪费大。由于技术原因，破坏生态、污染环境的现象时有发生；并且由于资金问题，后续的矿山生态治理恢复很难进行，开采的生态成本高。

6.6.3   山区工矿用地坡度大，加剧区域生态风险

通过从 2010 年土地利用数据中提取独立工矿用地的数据，并与区域 DEM 高程数据叠加，初步识别出分布在 25° 以上的独立工矿用地，进一步通过 Google Earth 定位，识别出位于陡坡的矿产开采点，如图 6-32 所示。在陡坡上进行开采作业会破坏矿区地质景观和植被，加剧水土流失，加大塌陷、滑坡、泥石流等地质灾害风险。

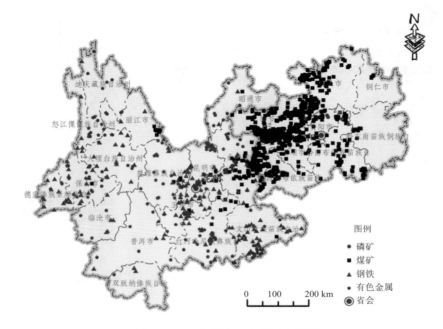

图 6-31   云贵两省矿产资源开发图

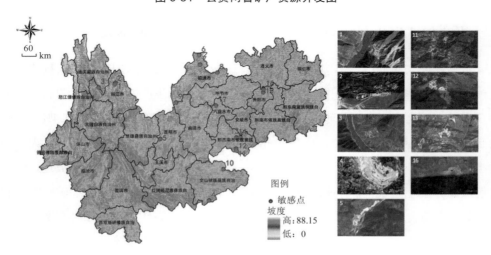

图 6-32   山区工矿用地敏感点位分布图

6.6.4　矿产资源开采空间分布差异大，引发不同程度生态问题

云贵地区矿产开发以煤炭为主，金属矿产开发以铜、铅、锌等有色金属为主，非金属开发以磷矿为主，由于开采区域和开采方式不同，由此引发的生态问题也不尽相同。

煤炭资源开发集中分布在云南的曲靖、昭通、红河，贵州的六盘水、毕节中东部、黔西南北部、遵义，该区域是珠江水源涵养的重要区域，毕节东部还分布有桂黔滇喀斯特石漠化防治生态功能区，区内土壤侵蚀敏感性、石漠化敏感性、酸雨敏感性都比较高。煤炭由于多为地下开采，被采空矿区极易发生塌陷、滑坡、泥石流等地质灾害，产煤伴生的煤矸石挤占大量土地，破坏地表植被，加剧区域水土流失、石漠化等生态问题。

有色金属矿产开发集中分布在昆明、玉溪、迪庆的兰坪、维西和黔西南中北部，区内石漠化敏感性比较高。兰坪、维西是生物多样性保护的重要地区，分布在川滇森林及生物多样性功能区。有色金属矿山开采、选矿场所及冶炼炉渣是造成土壤重金属污染的重要途径或场所。区域植物在生长发育过程中吸收、富集重金属，当其浓度超过一定范围，可导致植物生态、生理病变效应，并且重金属元素可通过土壤—植物—人和土壤—水—人两条途径对人体产生影响。有色金属开采所导致的重金属污染问题会威胁兰坪、维西等地的生物多样性。

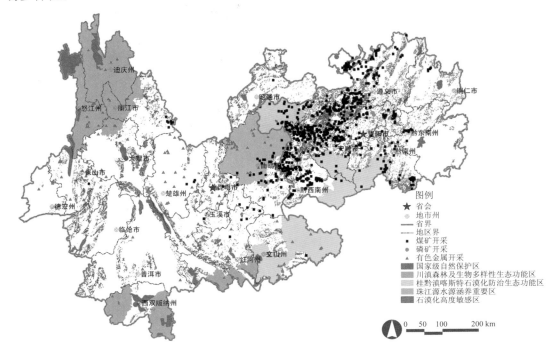

图 6-33　云贵两省主要矿产资源开发分布图

磷矿开发主要集中在昆明周围及曲靖的会泽地区和贵阳市、黔南州北部、黔东南州西北隅，区域内土壤侵蚀敏感性、石漠化敏感性较高，磷矿采取的是露天开采，开采活动直接破坏地表土层植被和地质岩体结构，改变地貌并引发自然生态景观的变化，毁坏良田和基础设施，废土和尾砂的乱堆乱弃淤积河床、堵塞河道，致使排洪不畅，如遇暴雨还会沿沟谷下泄，形成泥石流，加剧以上地区的水土流失、石漠化等生态问题。

以县为基本单元，重点考虑云南煤、有色金属以及贵州煤、磷行业分布。综合以上矿产资源开发的生态制约因素，结合主要影响指标进行分级评价。目前云贵矿产开发行业以中小型矿为主体，中小型矿产开发过程中极易存在生态破坏、环境污染、资源浪费、监管难等诸多问题，矿产开发集中的区域对生态环境影响较大。同时，考虑区域生态敏感性以及矿产开发地区的坡度等因素，对主要指标评价结果进行修正，分级评价结果如图 6-34所示。

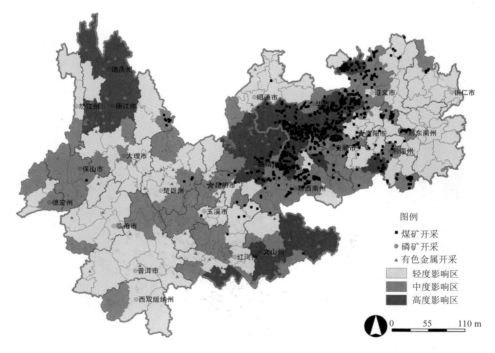

图 6-34 云贵地区矿产资源开发生态影响分布

矿产资源开发生态系统服务功能高度影响区与资源富集区基本吻合，代表性的高度影响区域主要有黔西北—黔西—黔西南一线的煤矿开采密集带，滇中"昆曲玉"铁矿聚集区、"三江"有色金属基地，滇东南个旧大型金属矿，区域采矿业密集，且分别与黔西喀斯特生态脆弱区、滇西北生物多样性保护区、桂西石灰岩地区、滇东南喀斯特石漠化防治区重合，对区域生态系统服务功能影响较大。

表 6-18 云贵地区矿产开发生态影响分析

等级	风险分布	备注
高度影响	黔西（毕水兴）煤炭矿业经济区、滇东南个旧、文山、滇中禄丰；黔西北大方、黔西、威宁、纳雍、黔北习水，黔西南兴义、兴仁、黔南荔波、毕节北部、遵义大部分煤矿、瓮安磷矿；滇西"三江"有色金属基地、曲靖—昭通煤炭经济区、滇中昆明—玉溪矿业经济带、红河、文山的大部	矿产储量大、开采业发达，石漠化严重，生态环境极其脆弱；毕水兴及其周边地区煤矿业发达；生物多样性保护的重点地区，地处横断山脉南段地势落差大，分布有兰坪有色金属基地；曲靖—昭通石漠化严重，自然风险高发区，分布有富源大型煤矿区、宣威、师宗大型煤矿区
中度影响	滇西保山—德宏矿业经济带；黔中磷煤矿业经济区（贵阳、黔南北部、黔东南西北隅）；丽江、德宏的部分、滇中至滇东南矿产开发带的周边城镇；黔西矿产开发带的周边城镇，安顺、黔西南、黔南插花式分布有煤矿开采点	矿产开发分布相对较多，但没有位于国家自然保护区、重要生态功能区、生态敏感地区
轻度影响	余下地区	分布散，规模小

6.7 区域生态系统管理对策与建议

6.7.1 重要生态系统及其生态服务功能保护对策

（1）加强森林保护与建设

把天然林资源保护工程作为战略重点，深入推进天然林保护工程建设，健全完善林业"三防"体系，全力构建生态安全屏障。开展陡坡地生态治理，对 25°以上陡坡地和特殊生态脆弱区陡坡地全部实施生态治理和恢复，使 25°以上陡坡地逐步转变成为生态公益林，保障森林的生态服务功能。在现有国家级公益林生态效益补偿的基础上，逐步提高补偿标准。降低桉树、云南松、橡胶林等用材林面积，逐步提高天然林面积。加强森林防火和病虫害防治。陡坡耕地实施退耕还林工程，逐步扩大退耕还林面积。加强农村能源建设，杜绝上山砍柴现象，维护森林生态系统服务功能。

（2）强化草地保护与治理

采取自然恢复和人工措施相结合的方式，大力加强退化草地治理和天然草地保护，遏制草地退化趋势，恢复草地的水源涵养和生物多样性保护功能。加强退牧还草和天然草地保护，合理建设人工草地，降低天然草地载畜量。对退化草地进行综合治理，增加草地植被盖度，恢复草地生态功能。制定完善草地生态保护补偿政策。

（3）加强湿地保护与恢复

从湿地生态系统结构的完整性出发，维护和逐步恢复退化湿地的功能。减少人为活动，加强湿地封育、生态移民和退牧还湿，恢复湿地植被，扩大湿地面积，遏制退化加剧的趋势。加强国际重要湿地、湿地自然保护区、湿地公园的建设与管理，保护高原湿地生物多样性与特有性。建立湿地生态效益补偿制度。

（4）积极推进生物多样性保护

加强滇西北、滇西南地区生物多样性保护和山地热带林森林生态保护，推进生物多样性保护重点区域创建，保持生物物种多样性和生态系统多样性。保护重要、典型陆地生态系统、高原湿地生态系统和珍稀濒危特有物种，健全生物种质资源的就地保护、近地保护、迁地保护、离体保护相结合的保护体系和网络，建设生物多样性保护体系。开展极小种群野生动植物保护、兰科植物保护等野生动植物保护工程。探索具有中国特色的、实现资源保护与经济发展良性互动的生物多样性保护新模式。

（5）加强水土流失和石漠化治理

重点保护和建设水源涵养林，大力开展封山育林育草、人工造林、退耕还林还草，在适宜地区营造薪炭林，恢复和提高林草植被盖度，扭转岩溶石质山地水土流失不断加剧、石漠化土地面积不断扩大的势头。在水土流失、生态薄弱区进行严格的封禁措施，特别是在半石山和白云质砂石山等水土流失严重、人工造林困难的地段，应大规模采取封山育林措施。加大水土资源保护和开发力度，提高水土资源综合利用能力。

（6）提高自然保护区管控水平

以规范化建设为重点，进一步提高自然保护区管护能力，推动自然保护区之间的生态廊道体系建设。健全管理机构，加大投入，完善管护设施和设备。建立协调管理机制，加强监管，依法打击偷猎、乱采行为，严格控制自然保护区范围和功能区的调整。全面开展珍稀濒危药用植物、畜禽遗传资源、农作物及其野生近缘植物种质资源调查和保护工作，使重要物种资源得到有效保护。

6.7.2　矿产资源开发的生态优化调整对策

（1）矿产资源开发向集约化规模化转变

创新环境经济政策，适当增加大矿的税收比例，增加地方财政收入，通过环境经济政策促使矿产资源开发逐步实现集约化经营和规模经济，促进产业结构的优化调整。改变乱采滥挖、采厚弃薄、采易弃难、采少弃多等浪费矿产资源的采选方式，鼓励现有矿山企业联合、兼并和重组，提高矿山采选业规模化、现代化和集约化水平。

（2）提高矿产资源综合开发利用水平

将矿产资源开发利用作为整体考虑，根据全国及云南、贵州自身经济发展的需要，合理延伸产业链，依靠科技进步，加强矿产品的初加工和深加工，提高共生、伴生矿的选冶水平，提高矿产资源开发利用的综合水平。

（3）完善矿产资源生态监管制度

加强区内矿产资源开发的监管和矿山生态恢复，建立完善的矿产资源生态监管制度。矿产资源开发不能以破坏环境为代价，必须在注重经济效益的同时，综合运用法律、经济和行政手段，改善矿山生态环境，加大矿山迹地生态治理力度，开发后减少水土流失、植被破坏、地下水位下降、重金属污染等问题，实现经济效益、社会效益与生态效益相统一。

（4）加强矿山生态环境治理和恢复

开展矿山生态环境综合治理，加强废弃矿山的生态环境恢复治理，全面消除因采矿产生的自然生态环境质量问题。制定矿山生态恢复管理办法，责成业主根据各废弃矿山地貌特征，限期进行因地制宜的生态恢复。加强矿山生态环境的治理和保护，对已造成生态破坏和发生严重地质灾害的矿山限期整治和恢复治理。向所有采矿企业征收生态环境恢复治理保证金，设立生态恢复建设基金，用于因地制宜的生态恢复。

6.8 案例区研究对评价方法的反馈

通过案例区的评价过程，对构建的评价指标和方法进行反馈。针对评价过程中指标获取的可能性、评价方法的可操作性、评价结果的不确定性分析等方面，进一步修正之前构建的评价指标和方法，为形成基于生态系统服务功能的规划环评技术规程提供实践依据。

（1）影响指标体系以对人类干扰敏感的因子为主

生态系统服务功能影响指标体系是识别受影响的生态系统服务功能和评价生态系统服务功能影响的基础和根本。通过分析各项影响指标的变化趋势，识别出受规划影响的生态系统服务功能类型。因此，影响指标体系的构建应选取对人类干扰比较敏感的因子，即通过规划实施能够发生明显变化的影响因子，如植被变化、水体变化、土地利用变化等；对于不能反映人类干扰，即短期内无法通过规划实践活动改变的因子，如坡长、坡度、降水、温度等，不作为主要的影响评价因子。

（2）采用定性与定量相结合的方法进行影响导向型评价

在生态系统服务功能影响评价中，全面评价需要的数据量大，当前有关生态的数据与信息不完整，对生态服务进行全面的定量评价有很大难度。建议定量评价比较容易量化和非常重要的生态系统服务功能，对受数据和信息限制不能定量评价的生态服务功能进行定性分析，定性分析规划实施对生态系统服务功能影响的范围和程度。

（3）定性分析法更适用于目标导向型评价

定性分析法更适用于规划（战略）环评中的目标导向型评价，通过分析规划行为对生态服务功能影响指标的影响方式和程度，识别出受规划行为影响的主要生态服务功能。明确区域生态服务功能保护目标，分析规划行为是否对区域生态功能保护目标造成负面影响。若通过指标分析，规划行为不会对区域主要生态服务功能造成负面影响（即达到了区域生态服务功能保护目标），则评价结果是可以接受的，应适当提出区域生态服务功能维护措施及区域发展引导措施等；若通过指标分析，规划行为会对区域主要生态服务功能造成负面影响（即达不到区域生态服务功能保护目标），则必须提出用于维护区域主要生态服务功能不降低的保护措施和对策建议。

参考文献

[1] Adrienne G R, Susanne K. Integrating the valuation of ecosystem services into the Input-Output economics of an Alpine region. Ecological Economics, 2007, 63 (4): 786-798.

[2] Arts J. EIA Follow-up: on the role of ex-post evaluation in environmental impact assessment. Groningen: Geo Press, 1998.

[3] Bingham G, Bishop R, Brody M, et al. Issues in ecosystem valuation: improving information for decision making. Ecological Economics, 1995, 14: 73-90.

[4] Bisset R. UNEP EIA training resource manual-EIA: issues, trends and practice. Scott wilson resource consultants for United Nations Environment Programme (UNEP), 1996.

[5] Brownlie S, Wynberg R. The Integration of biodiversity into national environmental assessment procedures: South Africa. UNEP biodiversity planning support programme, UNEP, 2001.

[6] Costanza R, R d'Arge, R de Groot, et al. The value of the world's ecosystem services and nature. Nature, 1997, 387: 253-260.

[7] Costanza, Robert. What is ecological economics? . Ecological Economics, 1989, 1 (1): 1-7.

[8] Daily G C, Soderquist T, Aniyar S, et al. The value of nature and the nature of value. Science, 2000, 289: 395-396.

[9] Daily G C. Developing a scientific basis for managing Earth's life-support systems. Conservation Ecology, 1999, 3: 14.

[10] Daily G C. Nature's Services: Societal dependence on natural ecosystems. Washington D C: Island Press, 1997.

[11] De Groot R S, Wilson M A, Boumans R M J. A typology for the classification, description and valuation of ecosystem functions, goods and services. Ecological Economics, 2002, 41 (3): 393-408.

[12] Egoh B, Reyers B, Rouget M, et al. Mapping ecosystem services for planning and management. Agriculture, Ecosystems & Environment, 2008, 127: 135-140.

[13] Ehrlich P R, A H Ehrlich. Extinction: the cause and consequences of the disappearance of species. New York: Random House, 1981.

[14] Ewel K. Water quality improvement: evaluation of an ecosystem service//Nature's Service: Societal

Dependence on Natural Ecosystem. Washington DC: Island Press, 1997.

[15] Finnveden G, M Nilsson, et al. Strategic environmental assessment methodologies- applications within the energy sector. Environmental Impact Assessment Review, 2003, 23 (1): 91-123.

[16] Flombaum P, Sala O E. Higher effect of plant species diversity on productivity in natural than artificial ecosystems. Proceedings of the National Academy of Sciences, 2008, 105 (16): 6087-6090.

[17] Geneletti D. Expert panel-based assessment of forest landscapes for land use planning. Mountain Research and Development, 2007, 27 (3): 220-223.

[18] Goldman R L, Thompson B H. Institutional incentives for managing the landscape: Inducing cooperation for the production of ecosystem services. Ecological Economics, 2007, 64 (2): 333-343.

[19] Gutman G, A Ignatov. The derivation of the green vegetation fraction from NOAA/ AVHRR data for use in numerical weather prediction models. International Journal of Remote Sensing, 1998, 19: 1533-1543.

[20] Helliwell D R. Valuation of wildlife resources. Regional Studies, 1969, 3: 41-49.

[21] Hobbs J, L Ghanime, et al. Ecosystem Services and Strategic Environmental Assessment-OECD. OECD, 2008.

[22] Holdern J, Ehrlich P R. Human population and global environment. American Scientist, 1974, 62: 282-297.

[23] King R T. Wildlife and Man. NY Conservationist, 1966, 20: 8-11.

[24] Kumar P, Kumar M. Valuation of the ecosystem services: a psycho-cultural perspective. Ecological Economics, 2008, 64 (4): 808-819.

[25] Loreau M, S Naeem, P Inchausti, et al. Biodiversity and Ecosystem Functioning: Current Knowledge and Future Challenges. Science, 2001, 294: 804-808.

[26] McNeely J A, K R Miller, W V Reid, et al. Conserving the World Biologica Diversity. Switzerland: the World Conservation Union (IUCN) Gland, 1990.

[27] Millennium Ecosystem Assessment. Ecosystems and Human Well-being: Synthesis. Washing D C: Island Press, 2005.

[28] Moberg F, C Floke. Ecological Goods and Services of Coral Reef Ecosystems. Ecological Economics, 1999, 29: 215-233.

[29] Naeem S. How changes in biodiversity may affect the provision of ecosystem services. Managing Human Dominated Ecosystems (Hollowell, ed). St. Louis: Missouri Botanical Garden Press, 2001.

[30] Naidoo R, Balmford A, Costanza R, et al. Global mapping of ecosystem services and conservation priorities. Proceedings of the National Academy of Sciences of the United States of America, 2008, 105

（28）：9495-9500.

[31] Norberg J. Linking Nature's services to ecosystems：Some general ecological concepts. Ecological Economics，1999，29：183-202.

[32] Odum H T. Environmental accounting：energy and environmental decision making. New York：John Wilely，1996.

[33] Odum H T. Self-organization，transformity and information. Science，1988，242：1132-1139.

[34] Pearce D W. Blueprint 4：Capturing Global Environmental Value. London：Earthscan，1995.

[35] Policy Appraisal and the Environment：An introduction to the Valuation of Ecosystem Services. Eftec Economics For The Environment Consultancy Ltd.，2007.

[36] Potschin M B，Haines-Young R H. Improving the quality of environmental assessments using the concept of natural capital：a case study from southern Germany. Landscape and Urban Planning，2003，63（2）：93-108.

[37] Richmond A，Kaufmann R K，Myneni R B. Valuing ecosystem services：A shadow price for net primary production. Ecological Economics，2007，64：454-462.

[38] SCEP（Study of Critical Environmental Problems）. Man's impact on the global environment：Assessment and recommendations for action. Cambridge，MA：MIT Press，1970.

[39] Slootweg R，van Beukering P. Valuation of ecosystem services and strategic environmental assessment：Lessons from Influential Cases. Netherlands Commission for Environmental Assessment，Utrecht，2008.

[40] Tallis H，Kareiva P，Marvier M，et al. An ecosystem services framework to support both practical conservation and economic development. USA：Proc. Natl. Acad. Sci.，2008，105：9457-9464.

[41] Tansley A G. The use and abuse of vegetational terms and concepts. Ecology，1935，16（3）：284-307.

[42] Tietenberg T. Environmental and natural resource economics. New York，USA：Harper-Collins Publishers，1992.

[43] Turner K. Economics and wetland management. Ambio，1991，20：59-61.

[44] Umhlathuze environmental serivce management plan. Umhlathuze Municipality，2007.

[45] Westman W. How Much are Nature's Services Worth. Science，1977，197：960-964.

[46] WGMEA（Working Group of the Millennium Ecosystem Assessment）. Ecosystems and Human Well-being：A Framework for Assessment. Washington/Covelo/London：Island Press，2003.

[47] 陈忠升，陈亚宁，李卫红，等. 基于生态服务价值的伊犁河谷土地利用变化环境影响评价. 中国沙漠，2010，30（4）：870-877.

[48] 陈仲新，张新时. 中国生态系统效益的价值. 科学通报，2000，45（1）：17-23.

[49] 董治宝. 建立小流域风蚀量统计模型初探. 水土保持通报, 1998, 18（5）: 55-62.

[50] 国家环境保护总局. 生态功能区划暂行规程, 2002.

[51] 国家环境保护总局环境影响评价管理司. 战略环境影响评价案例讲评（第一辑）. 北京: 中国环境科学出版社, 2006.

[52] 环境保护部环境影响评价司. 战略环境影响评价案例讲评（第二辑）. 北京: 中国环境科学出版社, 2009.

[53] 环境保护部环境影响评价司. 战略环境影响评价案例讲评（第三辑）. 北京: 中国环境科学出版社, 2010.

[54] 环境保护部环境影响评价司. 战略环境影响评价案例讲评（第四辑）. 北京: 中国环境科学出版社, 2011.

[55] 梁学功, 刘娟. 中国实施规划环评可能出现的问题及其解决方法. 环境科学, 2004（6）: 163-166.

[56] 林婕. 湛江市土地利用总体规划实施生态效应评价. 广东土地科学, 2008（2）: 34-39.

[57] 刘玉龙, 许凤冉, 张春玲, 等. 流域生态补偿标准计算模型研究. 中国水利, 2006（22）: 35-38.

[58] 孟爱云, 濮励杰, 赵翠薇. 土地利用规划生态环境影响区域差异研究. 环境科学研究, 2006, 19（4）: 125-131.

[59] 欧阳志云, 王如松, 等. 生态系统服务功能及其生态经济价值评价. 应用生态学报, 1999（5）: 635-640.

[60] 欧阳志云, 王效科, 苗鸿. 中国陆地生态系统服务功能及其生态经济价值的初步研究. 生态学报, 1999, 19（5）: 607-613.

[61] 冉圣宏, 吕昌河, 贾克敬, 等. 基于生态服务价值的全国土地利用变化环境影响评价. 环境科学, 2006, 27（10）: 2139-2144.

[62] 宋睿. 生态服务价值理论在规划环评中的应用研究. 大连理工大学, 2008.

[63] 唐征, 蔡邦成, 王远, 等. 生态系统服务价值评价在土地规划环境影响评价中的应用. 生态经济, 2007（7）: 42-43.

[64] 田运林. 生态系统服务功能研究综述. 中国环境管理干部学院学报, 2008, 18（2）: 46-49.

[65] 王娟, 崔保山, 卢远. 基于生态系统服务价值核算的土地利用规划战略环境评价. 地理科学, 2007, 27（4）: 549-554.

[66] 王天伟, 高照良, 李永红, 等. 土地利用类型变化对生态服务价值的影响. 水土保持通报, 2011（3）: 225-228.

[67] 王宪礼, 肖笃宁, 布仁仓, 等. 辽河三角洲湿地的景观格局分析. 生态学报, 1997, 17（3）: 317-323.

[68] 肖玉, 谢高地, 鲁春霞, 等. 稻田生态系统气体调节功能及其价值. 自然资源学报, 2004, 19（5）: 617-623.

[69] 肖玉，谢高地，鲁春霞，等．施肥对稻田生态系统气体调节功能及其价值的影响．植物生态学报，2005，29（4）：577-583．

[70] 谢高地，鲁春霞，成升魁．全球生态系统服务功能服务价值评估进展．资源科学，2001，23（6）：5-9．

[71] 谢高地，鲁春霞，冷允法，等．青藏高原生态资产的价值评估．自然资源学报，2003，18（2）：189-196．

[72] 谢高地，肖玉，鲁春霞．生态系统服务研究：进展、局限和基本范式．植物生态学报，2006，30（2）：191-199．

[73] 辛琨，肖笃宁．生态系统服务功能研究简述．中国人口·资源与环境，2000，10（3）：20-22．

[74] 徐中民，张志强，程国栋，等．额济纳旗生态系统恢复的总经济价值评估．地理学报，2002，57（1）：107-116．

[75] 许玉，王晓明，等．土地利用规划环境影响回顾性评价实证研究．国土资源科技管理，2005（6）：88-92．

[76] 许玉，王秀珍，钱翌，等．基于生态经济价值核算的浙江省淳安县土地利用规划实施效果评估．新疆农业大学学报，2005，28（3）：44-48．

[77] 杨传俊，王永梅，邓南荣．土地利用总体规划对区域生态价值的影响——以广东省始兴县为例．亚热带水土保持，2010，22（4）：26-28，68．

[78] 于书霞，尚金城，郭怀成．基于生态价值核算的土地利用政策环境评价．地理科学，2004，24（6）：727-732．

[79] 张新时．草地的生态经济功能及其范式．科技导报，2000，146：3-7．

[80] 张志强，徐中民，程国栋．条件价值评估法的发展与应用．地球科学进展，2003，18（3）：454-463．

[81] 赵景柱，肖寒，吴刚．生态系统服务的物质量与价值量评价方法的比较分析．应用生态学报，2000，11（2）：290-292．

[82] 赵景柱，徐亚骏，肖寒，等．基于可持续发展综合国力的生态系统服务评价研究——13个国家生态系统服务价值的测算．系统工程理论与实践，2003，23（1）：121-127．

[83] 郑慧敏，王夷萍，等．生态服务价值理论在土地整理规划环境影响评价中的应用初探．广东土地科学，2007（4）：27-30．

[84] 周永红，钟飞，赵言文．生态服务价值法在土地利用总体规划环评中的应用．江苏农业科学，2010（1）：348-351．